做好一日三餐

看这本就够了

生活新实用编辑部　编著

江苏凤凰科学技术出版社
·南京·

完全收录一日三餐想吃的料理

从早到晚都在烦恼要煮什么菜吗？

吃腻了每餐千篇一律的菜色吗？

想轻松地做出不一样的料理吗？

这次我们特地收录了大家最爱的三餐菜色，

中西、日韩、东南亚各式风味，

餐厅、家常、轻食，以及便利菜色，

不管你是家庭主妇还是上班族、学生，

通通能在本书中找到适合及喜欢的菜色，

只要拥有本书，三餐可以有更多的选择，

天天轻松料理，足不出户也能尽享各色美食！

备注：

1大匙（固体）≈15克

1小匙（固体）≈5克

1茶匙（固体）≈5克

1杯（固体）≈227克

1大匙（液体）≈15毫升

1小匙（液体）≈5毫升

1茶匙（液体）≈5毫升

1杯（液体）≈240毫升

Breakfast · 1

目录 CONTENTS

2 导读 完全收录一日三餐想吃的料理

健康早餐篇 *Breakfast*

便利午餐篇 *Lunch*

5

目录 CONTENTS

丰盛晚餐 篇 Dinner

Breakfast

健康早餐篇

一天的活力源泉，
就从健康营养的早餐开始！
别因为赶时间而忽略了这美好的一餐，
本篇收录175道健康方便的早餐，
你不用花太多时间，
也能好好享受早餐。

煮好饭，做好饭团

◎ 混搭米的搭配比例

除了制作传统原味饭团使用的长糯米、日式饭团用的一般白米之外，还可以用五谷米、糙米、燕麦、紫米为主原料做成饭团，但要与圆糯米以适当比例混合搭配，借由糯米独特的黏性与香味，使米粒黏实。如果比例不对、粘性不足，饭团可成不了型哦！因此，不同米种混合时搭配比例就会不一样。

▲ 圆糯米：紫米1:2　　▲ 圆糯米：五谷米1:2　　▲ 圆糯米：糙米1:2　　▲ 圆糯米：燕麦1:2

◎ 混搭饭的煮制法

想要制作出不同口味的饭团，除了饭团馅料不同之外，制作饭团的米饭也可以做出不同的变化。利用不同的米种相互混合煮制，就成了混搭饭，饭团就能在口感上呈现出丰富的层次感，例如紫米混搭饭，就适合做金枪鱼、丸子、肉松饭团，五谷混搭饭适合做玉米、卤蛋、酸菜饭团，不论想品尝哪种口味，这本书都能让你得到满足哦！

燕麦混搭饭

[材料]
燕麦1杯、圆糯米2杯

[做法]
1. 燕麦洗净后，浸泡于水中6小时后捞起沥干水分。
2. 圆糯米洗净后，浸泡于水中3小时后捞起沥干水分。
3. 将燕麦和圆糯米混合拌匀后，放入木桶内蒸15～20分钟蒸熟即可。

五谷混搭饭

[材料]
五谷米1杯、圆糯米2杯

[做法]
1. 五谷米洗净后，浸泡于水中5小时后捞起沥干水分。
2. 圆糯米洗净后，浸泡于水中3小时后捞起沥干水分。
3. 将五谷米和圆糯米混合拌匀后，放入木桶内蒸15～20分钟蒸熟即可。

长糯米饭

[材料]
长糯米3杯

[做法]
1. 长糯米洗净后，浸泡于水中5小时后捞起沥干水分。
2. 将长糯米放入木桶内蒸15～20分钟蒸熟即可。

糙米混搭饭

[材料]
糙米1杯、圆糯米2杯

[做法]
1. 糙米洗净后，浸泡于水中6小时后捞起沥干。
2. 圆糯米洗净后，浸泡于水中3小时后捞起沥干水分。
3. 将糙米和圆糯米混合拌匀后，放入木桶内蒸15～20分钟蒸熟即可。

紫米混搭饭

[材料]
紫米1杯
圆糯米2杯

[做法]
1. 紫米洗净后，浸泡于水中6小时后捞起沥干水分。
2. 圆糯米洗净后，浸泡于水中3小时后捞起沥干水分。
3. 将紫米和圆糯米混合拌匀后，放入木桶内蒸15～20分钟蒸熟即可。

备注：1杯米量约150克。

◎ 浸泡时间

各种米在以适当比例混搭均匀前，需分别浸泡一段时间，让米粒吸饱水分、质地变软，这样蒸煮的时候才容易熟。如果不经浸泡就直接蒸煮，一些质地较硬的米，如紫米、燕麦等，就不易煮熟或者更耗时更久，因此米类的浸泡时间就要视其特性来确定，例如紫米、燕麦等质地较硬的米类，可事先浸泡约6小时，而五谷米等软硬不均的米类，则可以事先浸泡4～6小时，糙米浸泡4～6小时，长糯米浸泡约5小时，圆糯米浸泡约3小时。

捏制中式饭团超EASY

想要有一个紧实浑厚的好吃饭团，包卷技巧可不能轻易就忽视了噢！米饭该怎么平铺，饭团该怎么包卷，力该怎么施压，这些不起眼的小细节，决定了饭团的品相和口感。稍一不小心，你的饭团可是会露馅的，米饭可是会散掉的噢！

1. 用饭匙挖取适量的米饭放置于棉布袋上。

2. 再用饭匙将米饭轻轻的压整均匀成一片。

3. 将炒过的萝卜干、酸菜依次平摊放在米饭上。

4. 接着放入肉松于米饭中，最后再将油条摆入。

5. 将做法4的半成品由左右两侧向内挤压并包卷在一起。

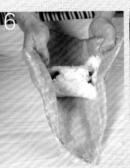

6. 再将做法5的半成品转换方向后，由左右两侧向内挤压包卷，让馅料完全包进米饭中。

7. 连同米饭和棉布袋一起向内包卷，并略施力气将米饭压卷紧实。

8. 取出压制紧实的米饭放进塑料袋中，再用手稍加捏制成椭圆长形即可。

◎用电饭锅煮好饭

电饭锅是一般家庭常用的煮饭工具。电饭锅以电传导热力，使米饭在热气对流的环境中煮熟，通常内置定时装置，按下开关后，等其自动煮熟即成，十分方便。但它煮饭时是从锅底加热，所以会产生受热不均匀的问题，煮出的米饭容易最下层太粘、弹性不足，上层太干，只有中间层软硬适中。想要改善这一问题，可以饭煮好后，先别急着打开，让饭留在锅中焖10分钟，才会好吃。

饭团馅料的五大天王

炒萝卜干

材料

萝卜干300克、蒜头10克、辣椒1根、油2大匙

调味料

细砂糖1大匙

做法

1. 萝卜干洗净，浸泡于水中约5分钟后捞起沥干水分；蒜头、辣椒切末备用。
2. 热一干锅，放入萝卜干，以小火炒至萝卜干的水分干后盛起备用。
3. 另取一锅，放入2大匙的油于锅内后，放入蒜末爆香，再加入萝卜干和辣椒末炒至香味溢出，最后加入细砂糖一起拌炒均匀即可。

从市场买回来的萝卜干可以直接与其他食材一起拌炒。萝卜干先经过干炒，不仅能炒掉水分，更能散发出浓烈的香气，使饭团的风味更佳。

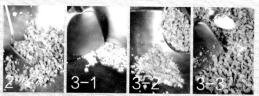

炒酸菜

材料

酸菜300克、辣椒1根、姜末1小匙、油2大匙

调味料

细砂糖2大匙

做法

1. 酸菜浸泡于水中5~15分钟后捞起沥干水分；辣椒切末备用。
2. 热一干锅，放入酸菜，以小火炒至酸菜的水分干后盛起备用。
3. 另取一锅，放入2大匙的油于锅内后，再放入姜末爆香，再加入酸菜、细砂糖、辣椒末，一起拌炒至细砂糖溶解，香味溢出即可。

市售酸菜，有些为了卖相好看，都会略微添加色素，使其颜色更黄，消费者不易辨识。建议选购客家酸菜，它的颜色较深，价格也会略高于一般酸菜。酸菜买回来后，视咸度决定浸泡在水中的时间，以免过咸。

炒雪里蕻

材料
雪里蕻150克、辣椒1
根、油适量

调味料
细砂糖1/2大匙

做法
1. 雪里蕻切粗丁状，汆烫一下后捞起沥干；辣椒去籽切丝，备用。
2. 锅烧热，放入雪里蕻炒至水分干后盛起备用；原锅倒入适量油，放入细砂糖炒匀，再放入雪里蕻、辣椒丝拌炒入味即可。

葱花蛋

材料
鸡蛋2个、葱1根、油3
大匙

调味料
盐1/2小匙、酒1/2小
匙、鸡精1/4小匙

做法
1. 葱切成葱花；鸡蛋打散成蛋液后加入所有的调味料及葱花拌匀备用。
2. 热一锅，放入3大匙油于锅内烧热后，加入葱花蛋液，煎至外观呈金黄色且有香味溢出即可。

> 烹调前需先预热锅，以防蛋液倒入后沾锅。制作蛋液时，可以加入少许的酒，有去除腥味、增添香气的作用。

1-1　　1-2　　1-3　　2

炸油条

材料
市售油条2条、油适量

做法
1. 取一锅，放入适量的油于锅内后，以中火将油烧热至约170℃。
2. 再将市售油条放入热油锅中，炸至油条颜色变深，开始吸油，孔洞变粗有酥脆感后捞起，再用剪刀剪成约5厘米长的小段即可。

> 测试油温可以取一小段的葱丢入油锅内，如果葱段2~3秒就能浮起，则表示油已达到可油炸油条的温度了。

1　　2-1　　2-2　　2-3

01 中式饭团

材料
长糯米饭1碗、萝卜干8克、酸菜8克、肉松10克、油条1小段

做法
1. 萝卜干炒好备用；用饭匙舀取适量的糯米饭放置于棉布袋上，再使用饭匙将糯米轻轻地压整均匀成一片。
2. 将炒过的萝卜干、酸菜依次平摊在糯米饭上，接着放入肉松，最后再将油条摆入。
3. 将做法2的半成品由左右两侧向内挤压并包卷在一起，转换方向后，再由左右两侧向内挤压包卷，让馅料完全包进糯米饭中。
4. 将糯米饭和棉布袋一起向内包卷，并略施力气将糯米饭压卷紧实，然后取出糯米饭放进塑料袋中，再用手稍加捏制成椭圆形即可。

02 甜味饭团

材料
长糯米饭1碗、酸菜15克、原味花生粉1大匙、细砂糖少许、芝麻少许、油条1小段

做法
1. 酸菜炒好备用；原味花生粉与细砂糖一起拌匀后，即成花生糖粉，备用。
2. 舀取适量糯米饭，平铺在棉布袋上，再将花生糖粉均匀平铺在长糯米饭上。
3. 依次放入酸菜、芝麻和油条后，再包卷捏制成椭圆形饭团即可。

Tips.美味加分关键
花生糖粉可选购市售的成品，也可自制。自制花生糖粉需购买原味花生粉，将细砂糖与花生粉按约1：2的比例混拌均匀即可。

03 辣萝卜干葱花蛋饭团

材料

A. 长糯米饭120克
B. 辣萝卜干1大匙、炒酸菜1大匙、雪里蕻1大匙、葱花蛋1小片、油条1小段

做法

　　将长糯米饭平铺于装有棉布的塑料袋上，依次放入材料B的食材后，略施力气，压卷紧实，捏紧整形成长椭圆形的饭团即可。

04 肉松饭团

材料

紫米混搭饭1碗、肉松12克、萝卜干8克、油条1小段

做法

1. 将紫米混搭饭平铺在棉布袋上，再将肉松均匀地平铺在混搭饭上。
2. 接着依次放入萝卜干、油条，包卷捏制成椭圆形饭团即可。

05 酸菜饭团

材料

五谷混搭饭1碗、炒酸菜12克、卤蛋1/6片、油条1小段、香菜少许

做法

　　将五谷混搭饭平铺在棉布袋上，依次放入炒酸菜、卤蛋、油条、香菜后，包卷捏制成椭圆形饭团即可。

06 肉松卤蛋饭团

材料
A. 大米1杯、十谷米1杯
B. 辣萝卜干1大匙、炒酸菜1大匙、雪里蕻1大匙、肉松1大匙、卤蛋1/2个

做法
1. 大米洗净、沥干；十谷米洗净，温水泡2小时，备用。
2. 将做法1的材料混合并加入2杯水，用电饭煲煮好后，再焖约10分钟，即为十谷米饭。
3. 取120克煮好的十谷米饭，平铺于装有棉布的塑料袋上，依次放入材料B的材料，略施力气，压卷紧实，捏紧整形成长椭圆形的饭团即可。

07 金枪鱼酸菜饭团

材料
A. 紫米40克、黑豆30克、大米2杯
B. 辣萝卜干1大匙、炒酸菜1大匙、雪里蕻1大匙、罐头金枪鱼1大匙、葱花蛋1小片、油条1小段

做法
1. 紫米洗净泡温水2小时，沥干；大米洗净沥干放置1小时；黑豆洗净，干锅炒香。
2. 将做法1的材料混匀，加入2杯水，用电饭煲煮好后，再焖10分钟。
3. 取120克做法2煮好的饭，平铺于装有棉布的塑料袋上，依次放入材料B的材料，略施力气，压卷紧实，捏紧整形成长椭圆形的饭团即可。

08 什锦饭团

材料
长糯米饭120克、鱼松少许、萝卜干少许、炒酸菜少许、玉米粒少许、罐头金枪鱼少许、油条1小段

做法
1. 将长糯米饭平铺在棉花布袋上，再将鱼松均匀地平铺在长糯米饭上。
2. 在做法1的材料上依次放入萝卜干、炒酸菜、玉米粒、金枪鱼、油条后，包卷捏成长椭圆形饭团即可。

09 中式蛋饼

材料
鸡蛋1个、葱1根、蛋
饼皮1片、油适量

调味料
盐少许

做法
1. 葱洗净切细末，备用。
2. 将鸡蛋打散，与葱末和盐混合均匀成蛋液。
3. 热锅，倒入色拉油，放入蛋液，用中火煎至半熟时盖上蛋饼皮，翻面煎至饼皮略上色，卷起切成适当大小，盛盘即可。

10 蛋饼卷

材料
蛋饼皮1片、圆白菜丝160
克、鸡蛋2个、油少许

调味料
盐少许

做法
1. 将圆白菜丝放入大碗中，打入鸡蛋并撒上盐充分拌匀，备用。
2. 平底锅倒少许油烧热，先放蛋饼皮，再倒入做法1的材料开小火烘煎至蛋液凝固，翻面后再倒入少许油，继续烘煎至饼皮外观呈金黄色。
3. 趁热包卷起来盛出，再分切成块即可。

11 火腿蛋饼

材料
葱油饼皮1片、火腿片
2片、鸡蛋1个、葱花2
大匙、油少许

调味料
盐少许、酱油膏适量

做法
1. 鸡蛋打入碗中搅散，加入葱花和盐拌匀成蛋液。
2. 取锅，加入少许油烧热，放入火腿片，再倒入蛋液，盖上葱油饼皮煎至两面金黄，包卷成圆条状盛起，切片后淋上酱油膏即可。

12 油条蛋饼

材料
鸡蛋1个、油条1根、油少许、葱油饼1片、海山酱20克

做法
1. 将鸡蛋打散成蛋液；油条对半切备用。
2. 平底锅倒入少许油，将蛋液略煎，在尚未凝固时将葱油饼放在蛋液上，以中火煎熟至两面呈金黄色。
3. 刷上海山酱，放上油条，再卷成长筒状即可。

13 火腿玉米蛋饼

材料
原味蛋饼皮1片、火腿片4片、玉米粒4大匙、玉米酱2大匙

调味料
甜辣酱2大匙

做法
1. 原味蛋饼皮放入油锅中煎40秒后翻面，摆上火腿、玉米粒，再淋上玉米酱，稍煎一下，再用夹子包卷起来，分切成小块后盛盘。
2. 搭配甜辣酱一起食用即可。

14 素肉松蛋饼卷

材料
蛋饼皮1片、鸡蛋1个、葱花2大匙、素肉松3大匙、油少许

调味料
盐少许

做法
1. 鸡蛋打入碗中搅散，加入葱花和盐拌匀成蛋液。
2. 取锅，加入少许油烧热，倒入蛋液，再盖上蛋饼皮煎至两面金黄。
3. 将素肉松铺在葱花蛋上，卷成圆筒状，斜角对切成二等份即可。

15 蔬菜蛋饼

材料
蛋饼皮1片、圆白菜丝
50克、罗勒叶少许、
鸡蛋1个、油少许

调味料
盐少许、辣椒酱少许

做法
1. 鸡蛋打入碗中搅散，加入圆白菜丝、罗勒叶和盐拌匀成蛋液，备用。
2. 取锅，加入少许油烧热，倒入蛋液，再盖上蛋饼皮煎至两面金黄即可盛起切片。
3. 食用时可搭配辣椒酱。

16 米蛋饼

材料
米饭100克、低筋面粉
50克、鸡蛋2个、葱花
30克、油2大匙

调味料
A. 盐1/4小匙、鸡精
少许、胡椒粉少许
B. 番茄酱

做法
1. 将低筋面粉过筛后放入搅拌盆中，加入米饭、鸡蛋与调味料A拌匀，再加入葱花拌匀成面糊，备用。
2. 取一平底锅，烧热后加入2大匙油，以汤勺取适量做法1的面糊加入锅中，转中小火煎至双面呈金黄色香酥状，重复此步骤直到材料用毕即可，食用时可搭配番茄酱。

17 圆白菜厚蛋饼

材料
鸡蛋2个、低筋面粉10克、
水20毫升、圆白菜120克、
大馄饨皮2片、油适量

调味料
盐少许、白胡椒
粉少许

做法
1. 低筋面粉与水混合拌匀成面糊，取少许面糊将2片大馄饨皮粘合成一张长方形面皮，备用。
2. 在面糊中加入鸡蛋、盐、白胡椒粉拌匀成蛋汁。
3. 圆白菜洗净、切丝，与蛋汁拌匀备用。
4. 热锅，加入适量油，铺上大面皮，上面放上做法3的材料，再淋入适量油于锅边。
5. 转动面皮，待煎至略为酥硬时，翻面让圆白菜丝煎熟，再翻回正面，对折两次并切段即可。

18 茶叶蛋

材料

水煮蛋10个、普洱茶6克、绿茶2克

调味料

市售卤包1个、酱油3大匙、细砂糖1大匙、味啉1大匙、水1000毫升、盐2克

做法

1. 将水煮蛋的蛋壳不规则地敲出裂痕备用。
2. 将调味料的所有材料和普洱茶、绿茶放入锅中，煮约10分钟至香味溢出，放入做法1的水煮蛋煮滚后关火，放置浸泡1天。
3. 第2天将做法2的鸡蛋再次煮滚后，再关火浸泡1天至入味即可。

19 黄金蛋

材料

鸡蛋10个（室温）

做法

1. 鸡蛋洗净放入锅中，倒入可淹过鸡蛋的水量，煮滚后再续煮3分钟，捞起泡冷水至完全冷却。
2. 食用时剥开顶部的蛋壳，用汤匙挖食，也可以搭配少许酱油食用，风味更佳。

Tips.美味加分关键

无论是水煮蛋或是打发蛋清，做任何蛋的料理都有一个关键步骤，就是要将蛋放置恢复室温后再进行料理，这样才不会有破壳或是蛋清打发不起来的情况发生。

20 馒头肉松夹蛋

材料

馒头2个、鸡蛋2个、葱花3大匙、盐少许、肉松2大匙

做法

1. 馒头横切一刀不断，入锅蒸软。
2. 鸡蛋打散，加葱花和盐拌匀，入锅煎至金黄色，并整成长方形。
3. 将葱花蛋对切成2片，放入馒头中，再夹入肉松即可。

21 培根圆白菜刈包

材料
刈包1个、蒜仁（大）1个、圆白菜200克、培根50克

调味料
盐适量、黑胡椒粒适量、有盐奶油适量

做法
1. 刈包先蒸热备用。
2. 圆白菜叶洗净沥干，剥成小片；培根切小段；蒜仁切片，备用。
3. 取平底锅，放入有盐奶油烧热，放入蒜片和培根炒香，加入圆白菜叶炒热，加入盐和黑胡椒粉调味后盛起。
4. 取刈包，夹入炒好的培根圆白菜即可。

22 韭菜鲜肉吐司夹

材料
吐司4片、猪肉泥30克、韭菜30克、姜末1/2小匙、蛋液50克

调味料
盐1/4小匙、细砂糖1/4小匙、白胡椒粉1/4小匙、香油1/2小匙

做法
1. 先将韭菜洗净，切成约0.6厘米的小段，备用。
2. 将猪肉泥加入盐，顺时针搅拌约3分钟后，加入其余调味料拌匀，再放入韭菜混合拌匀。
3. 将肉泥均匀地抹在1片吐司上，取另1片吐司先抹上蛋液，再将两片合紧。
4. 将做法3的材料均匀地沾上蛋液后，再放入120℃的热油中，以小火煎约5分钟后捞出沥油，最后切去吐司边再对角切开即可。

23 吐司牛肉卷

材料
市售卤牛腱250克、葱2根、吐司4片、甜面酱4小匙

做法
1. 将卤牛腱切成薄片；葱洗净只取葱白部分，切成长约6厘米的长段，备用。
2. 取1茶匙甜面酱抹在1片吐司片上，再取4片卤牛腱片铺上，放上1根葱段后卷起即可，重复上述做法至材料用完为止即可。

24 白粥

材料

大米1杯、水8杯

做法

将大米洗净后，放入汤锅内，加水，以中火煮滚后再转小火煮45分钟。

煮好粥的三大关键元素

水量多寡要掌控→不论是用生米，还是用熟饭、冷饭来熬粥，水的比例都要正确，过少的水量会导致粘锅，因此在熬煮过程中要随时留意锅内的水量是否足够。另外，测量米或饭和水最好是使用同一个容器，如以碗为测量单位，那么米或饭和水就统一使用碗测量，不要利用不同容器来测量，以避免产生误差。

时间的掌控→粥熬煮的时间也会因为米粒或饭粒的不同而有所不同，如利用生米来熬煮会比利用熟饭或冷饭来熬煮的时间长。所以在熬煮粥的时候，必须考量自己的时间状况来选用不同的材料。

火候的掌控→一碗健康满分的好粥，一定是一碗饭粒熟透且带有饭香味的粥，饭粒半生半熟或者是焦味浓郁的粥都是不合格的。煮粥时，应先用中火将水煮开，然后转小火慢慢熬煮，千万别心急一直用大火或中火来熬煮，否则锅里的饭粒溢出来，可就让人大伤脑筋了。

煮粥高手NG

怎么利用电饭锅熬粥呢？

用电饭锅熬粥时，多些水量就可以了。一般而言，煮成白米饭米和水的比例是1:1，而用电饭锅来煮粥米和水就要以1:8的比例来制作，也就是说1杯的生米要放入8杯的水才足够。

虽然粥的种类有许多种，但煮粥的基本功都是从洗米练起，且熬粥时不外乎使用3种方式：生米熬粥、熟饭熬粥、冷饭熬粥。不论是采用哪种方式都可以煮出美味的粥品，只是口感上略有不同。但可别小看这3种熬粥方式喔，因为不论生米，还是熟饭、冷饭，在熬成粥的过程中都会胀大，因此米或饭量和水量的拿捏可要特别小心。

洗米

做法

1. 将水和米粒放入容器内。
2. 先以画圈的方式快速淘洗，再用手轻轻揉搓米粒。
3. 直至洗米水渐渐呈现出白色混浊状。
4. 慢慢倒出洗米水，重复以上步骤1~2次。
5. 最后，将米粒和适量的水一同静置容器中浸泡约15分钟即可。

怎样煮粥才不会粘锅呢？

利用熟饭来熬煮白粥时，一定要用中火先将水煮开后，再放入熟饭熬煮，然后转小火慢慢地熬煮直到变成白粥，火候的掌控是一大关键。另外，水量不足也会造成熬煮白粥时粘锅的状况发生。

粘锅后要怎么处理呢？

万一不小心粘锅了该怎么办呢？整锅白粥统统倒掉吗？不，可别这么浪费，此时千万不要急着用汤勺去翻动已经粘锅的白粥，否则烧焦的气味会影响整个锅中的白粥，这个时候只要轻轻地将上层未烧焦的白粥舀出来放在另外一个锅中继续熬煮就行了。

冷饭煮成粥

材料
冷饭1碗、水7碗

做法
将冷饭和水一同放入汤锅内，搅拌至饭粒分开后，以中火煮开再转小火煮35分钟即可。

熟饭熬成粥

材料
熟饭1碗、水7碗

做法
先将水放入汤锅内，以中火煮开后，再放入熟饭转小火熬煮30分钟即可。

怎么才能用冷饭熬出好吃的白粥呢？

利用冷饭来熬粥，最怕在熬煮过程中饭粒不易散开，所以在将米饭放入冰箱冷藏之前，一定要先做好功课。首先，将冷却的米饭密封包装，并挤去多余的空气；然后，将米饭整平，整平的目的是为了下次取用米饭时，可以轻松将米饭抓松使其不致于结块；最后再放入冰箱中冷藏即可。从冰箱取出冷藏的米饭时，要先洒上少许的水将其抓松后再来熬煮。有了以上的事前准备，用冷饭煮粥就不怕会有饭粒不易散开或者结块的情况了。

装袋整平冷藏　　洒水　　抓松

25 广东粥

材料

A. 米饭200克、大骨高汤700毫升、鸡蛋1个、葱花5克、油条（切小块）10克

B. 皮蛋（切小块）1个、猪肉泥50克、墨鱼丝30克、猪肝（切薄片）25克、玉米粒25克

调味料

盐1/8小匙、白胡椒粉少许、香油1/2小匙

做法

1. 将米饭放入大碗中，加入约50毫升的水（材料外），用大汤匙将结块的米饭压散，备用。
2. 取锅，将大骨高汤倒入锅中煮开，放入压散的米饭，煮开后转小火，续煮约5分钟至米粒糊烂。
3. 加入所有材料B，并用大汤匙搅拌均匀，煮约1分钟后加入盐、白胡椒粉、香油拌匀，接着淋入打散的鸡蛋，拌匀至鸡蛋凝固后熄火。
4. 起锅装碗后，可依个人喜好撒上葱花及小块油条搭配即可。

26 皮蛋瘦肉粥

材料

米饭200克、大骨高汤700毫升、猪肉泥50克、皮蛋1个（切小块）、葱花5克

调味料

盐1/8小匙、白胡椒粉少许、香油1/2小匙

做法

1. 将米饭放入大碗中，加入约50毫升的水（材料外），用大汤匙将有结块的米饭压散，备用。
2. 取锅，将大骨高汤倒入锅中煮开，放入压散的米饭，煮开后转小火，续煮约5分钟至米粒糊烂。
3. 加入猪肉泥、皮蛋块，并用大汤匙搅拌均匀，煮约1分钟后加入盐、白胡椒粉、香油拌匀后熄火。
4. 起锅装碗后，可依个人喜好撒上葱花搭配即可。

27 台式咸粥

材料

米饭350克、猪肉丝80克、香菇3朵、虾米30克、红葱头片15克、油葱酥适量、高汤900毫升

调味料

盐1/2小匙、鸡精1/2匙、细砂糖少许、料酒少许

腌料

盐少许、淀粉少许、料酒少许

做法

1. 猪肉丝加入腌料腌1分钟，再快炒至变色，备用。
2. 香菇洗净泡软后切丝；虾米洗净放入加了少许料酒的水中浸泡至软，捞出沥干水分备用。
3. 热锅倒入少许油，放入红葱头片爆香，放入做法2的材料炒香，再加入做法1的材料炒匀，倒入高汤用中火煮沸，加入米饭并稍加水打散，然后转小火煮至浓稠，加入调味料、油葱酥即可。

28 蔬菜咸粥

材料

A. 米饭200克、大骨高汤700毫升、虾米10克、红葱头碎10克、色拉油少许
B. 鲜香菇片15克、芋头丁30克、胡萝卜丝15克、圆白菜丝60克、竹笋丝15克

调味料

盐1/8小匙、白胡椒粉少许、香油1/2小匙

做法

1. 米饭加入约50毫升的水（材料外），将有结块的米饭压散；虾米用开水泡约5分钟后，捞起沥干，备用。
2. 热锅，加入少许色拉油，用小火爆香红葱头碎及虾米，再加入所有材料B一起炒香，熄火备用。
3. 另取一锅，盛入做法2的材料，再倒入大骨汤煮开，加入做法1的米饭，煮开后转小火，续煮约5分钟至米粒糊烂，搅拌均匀，再煮约1分钟后，加入调味料拌匀即可。

29 黄金鸡肉粥

材料

大米40克、碎玉米50克、水400毫升、鸡胸肉120克、胡萝卜60克、姜末10克、葱花10克

调味料

盐1/4小匙、白胡椒粉1/6小匙、香油1小匙

做法

1. 鸡胸肉和胡萝卜洗净，切小丁备用。
2. 大米和碎玉米洗净，与鸡胸肉丁、胡萝卜丁、水（材料外）及姜末一同放入电饭锅中。
3. 盖上电饭锅盖，选择"煮粥"功能后，按"开始键"开始。
4. 煮至开关跳起后，打开电饭锅盖加入调味料，拌匀后盛入碗中，撒上葱花即可。

30 香菜皮蛋
鱼片粥

材料

隔夜饭100克、鲷鱼片100克、高汤500毫升、皮蛋1个、香菜30克、姜丝5克、米酒适量

做法

1. 香菜洗净切碎；皮蛋去壳切块，备用。
2. 鲷鱼片切成薄片状，以米酒腌渍备用。
3. 将皮蛋块和姜丝放入高汤中一起煮滚，再放入隔夜饭炖煮至熟软后，转小火，放入鲷鱼片煮熟，最后撒上香菜即可。

31 红薯薏苡仁粥

材料

隔夜饭100克、红薯50克、高汤300毫升、市售薏苡仁50克

做法

1. 红薯去皮洗净，用刨丝器刨成丝，备用。
2. 将高汤加热后，放入红薯丝炖煮至熟透，再加入隔夜饭与薏苡仁搅拌煮至软透即可。

Tips.美味加分关键

建议选购红色外皮的红肉红薯，含水量高又有丰富的胡萝卜素，口感松软，甜度也较高，非常适合煮红薯饭、红薯粥或红薯汤。

32 红薯粥

材料

红红薯150克、黄红薯150克、大米150克、水1800毫升

调味料

冰糖80克

做法

1. 两种红薯一起洗净，去皮，切滚刀块备用。
2. 大米洗净，泡水约30分钟后，沥干备用。
3. 汤锅中倒入水和大米，以中火拌煮至沸腾，放入所有红薯再次煮全沸腾，转小火加盖焖煮约20分钟，加入冰糖调味即可。

33 竹笋咸粥

材料

绿竹笋1/2根、鲜香菇1朵、胡萝卜40克、猪腿肉60克、虾米37克、色拉油少许、大骨高汤1/2碗、米饭1碗、芹菜末37克、红葱酥37克

调味料

盐1小匙、白胡椒粉1/4小匙

做法

1. 先将竹笋洗净切丝、鲜香菇洗净切丝、胡萝卜洗净切丝、猪腿肉洗净切丝后，放入沸水中汆烫捞起备用。
2. 取一炒锅，放入少许色拉油后，将虾米放入锅内以小火炒至香味出来后，加入做法1的材料和大骨高汤，继续以中火将汤汁煮滚。
3. 加入米饭，转小火拌煮至略浓稠，再加入所有调味料一起搅拌均匀，最后撒上芹菜末、红葱酥即可。

34 绿豆薏苡仁粥

材料

小米40克、薏苡仁40克、绿豆40克、清水1200毫升

调味料

冰糖80克

做法

1. 薏苡仁洗净，以等量的水（材料外）浸泡30分钟以上。
2. 小米和绿豆洗净，备用。
3. 取汤锅，放入清水，倒入小米、薏苡仁和绿豆，先以大火煮至滚沸，继续煮滚3分钟后，改以小火煮30分钟至熟（一边煮一边搅拌），再加入冰糖调味即可。

35 小米南瓜子粥

材料

小米50克、圆糯米50克、水800毫升、南瓜60克、去壳南瓜子50克

调味料

细砂糖150克

做法

1. 南瓜洗净去皮，切丁备用。
2. 小米和圆糯米洗净后，与水、南瓜丁一起放入电饭锅中，盖上电饭锅盖，按下开关选择"煮粥"功能后，按"开始键"开始。
3. 煮至开关跳起后，打开电饭锅盖，加入细砂糖拌匀，盛入碗中撒上去壳南瓜子即可。

36 拌粉条

材料

粉条 ················· 2碗
黑木耳丝 ········· 20克
胡萝卜丝 ········· 20克
辣圆白菜干 ······· 适量

调味料

盐 ················· 少许
香油 ·············· 2大匙
酱油 ············· 1.5大匙

做法

1. 粉条泡水软化后，烫熟备用；胡萝卜丝、黑木耳丝烫熟备用。
2. 将做法1的材料拌入盐、香油、酱油即可，食用时搭配辣圆白菜干，风味更佳。

37 汤米粉

材料

新鲜米粉（粗）600克、红葱头8颗、芹菜30克、虾皮10克、猪油5大匙、高汤2000毫升

调味料

盐1大匙、胡椒粉少许

做法

1. 将米粉放入温水中清洗，红葱头、芹菜洗净切末备用。
2. 热锅加入猪油，将红葱头、虾皮放入爆香，并以小火拌炒至金黄色后捞起。
3. 取汤锅，倒入高汤煮滚，加入米粉、盐，转小火煮约50分钟，食用前放入芹菜末、红葱酥、虾皮及胡椒粉即可。

38 干拌米苔目

材料

米苔目 ··········· 300克
韭菜 ·············· 30克
肉臊油葱酥 ······· 适量

做法

1. 韭菜洗净，切段备用。
2. 米苔目放入沸水中汆烫一下，再放入韭菜段煮熟，捞出沥干，放入碗中。
3. 将肉臊油葱酥淋在米苔目上，食用时拌匀即可。

39 大面炒

材料

油面·············600克
豆芽·············80克
韭菜段··········60克
胡萝卜丝·········20克
水············100毫升
肉臊·············适量

调味料

酱油·············1大匙
鸡精·············少许
油葱酥油········1大匙

做法

1. 热一炒锅，加入油葱酥油、酱油、鸡精与水煮滚，放入油面拌炒均匀，盛盘，备用。
2. 将胡萝卜丝、豆芽、韭菜段放入滚水中汆烫至熟，捞出沥干水分备用。
3. 把做法2的材料放入做法1的面盘上，再加入肉臊即可。

Tips. 美味加分关键

大面炒是最常见的台式小吃，选用较粗的油面口感更佳，热锅拌匀油面与调味料的步骤很重要，大面炒好不好吃就看这一步骤是否到位了。

40 米粉炒

材料

新鲜米粉（中细）300克、色拉油2大匙、红葱头2颗、韭菜20克、胡萝卜20克、豆芽100克、水200毫升、肉臊300克、卤汁2大匙

调味料

酱油2大匙

做法

1. 热锅倒入适量的水（材料外），将米粉放入滚水中汆烫约1分钟后，捞起沥干水分备用。
2. 红葱头洗净切末，韭菜洗净切段，胡萝卜洗净削皮切丝，豆芽洗净备用。
3. 热锅，加入色拉油，将红葱头放入爆香，再倒入酱油和水煮滚后，放入米粉拌炒约2分钟，再转小火焖约5分钟。
4. 另起锅，倒入适量水（材料外）煮滚后，加入少许的色拉油（材料外），将韭菜段、胡萝卜丝及豆芽放入锅中大火烫约1分钟后，捞起沥干水分备用。
5. 将米粉放于盘中，放上做法4中的材料，再淋上肉臊和卤汁即可。

41 法式吐司

材料
鸡蛋·················· 2个
鲜奶·········· 100毫升
厚片吐司············1片
枫糖·············1大匙
奶油·················适量
油·················· 3大匙

做法
1. 将鸡蛋与鲜奶混合打匀成奶蛋液备用。
2. 将吐司对切成二等份的三角状后，放入奶蛋液中稍作浸泡备用。
3. 取一平底锅，放入约3大匙油热锅后，转小火，将吐司放入锅中煎至两面呈金黄色后盛起装盘。
4. 食用前淋上枫糖或涂抹上奶油即可。

Tips.美味加分关键

在做法2中将吐司放入奶蛋液稍作浸泡，目的有二：其一是使吐司浸泡吸收奶蛋液后，充满水分，食用时口感更松软；其二是吐司表层的奶蛋液可避免料理过程中食材吸附过多的油脂。

42 枫糖法式吐司

材料

厚片吐司…………1片
奶油…………1.5小匙
枫糖……………1大匙

做法

1. 烤箱预热至180℃，再放入厚片吐司，烤至其表面略呈现金黄色时取出。
2. 将厚片吐司涂上奶油，并均匀涂上枫糖，再放入烤箱上层以220℃烤约3分钟即可。

注：食用时若觉得不够甜，可再适量淋上枫糖。

43 糖片吐司

材料

厚片吐司…………2片
奶油……………1大匙
粗砂糖…………1大匙

做法

1. 先将烤箱预热至180℃，再放入厚片吐司，烤至其表面略黄时取出。
2. 将厚片吐司涂上奶油，并均匀撒上粗砂糖，再放入烤箱上层，以220℃继续烤约3分钟即可。

44 金枪鱼烤吐司

材料

金枪鱼罐头1罐、小黄瓜25克、洋葱25克、切片吐司4片、蛋黄酱1小包

调味料

黑胡椒粉1/2小匙

做法

1. 将金枪鱼从罐头中取出，沥干油后捏碎；小黄瓜、洋葱洗净切细丝，备用。
2. 将金枪鱼碎末、小黄瓜丝、洋葱丝及黑胡椒粉混合均匀备用。
3. 取1片吐司，先放入适量做法2的材料后，再挤上蛋黄酱，并重复上述做法至材料用完为止，再放入烤箱中以200℃的上下火，烤约3分钟至吐司边焦黄即可。

45 芝士烤厚吐司

材料

厚片吐司1片、芝士片（奶酪片）1片、奶油少许、盐少许

做法

1. 先将厚片吐司放入烤箱中以180℃烤至表面脆黄后取出，涂上奶油，撒上少许盐，放上芝士片。
2. 再将厚片吐司放入烤箱中，以220℃的上下火烤3分钟即可。

46 奶油芝士吐司

材料

吐司4片、奶油芝士(奶油奶酪)150克、奶油20克、蛋黄1个、细砂糖1.5大匙、圣女果6个

做法

1. 先将圣女果洗净，再将其平均切成4块备用。
2. 将奶油芝士与细砂糖放入钢盆中，用打蛋器拌打3分钟，再加入蛋黄拌打3分钟，接着加入奶油继续打3分钟至芝士略起泡。
3. 将圣女果摆放在一片吐司上，再抹上做法2的材料，再盖上另一片吐司，对切即可。

47 橙汁煎吐司

材料
吐司2片、柳橙1个、浓缩橙汁1大匙、水100毫升、奶油2小匙、细砂糖1小匙、水淀粉少许

做法
1. 先将柳橙榨汁，再将柳橙的皮削去白色部分，保留外皮切成细丝，备用。
2. 将做法1的材料加水，以小火煮约2分钟，再加入浓缩橙汁、细砂糖，煮滚后以水淀粉勾芡。
3. 吐司用烤面包机烤过，涂上奶油对切。
4. 将吐司放入盘中，淋上做法2的酱汁即可。

48 香蕉花生酱吐司

材料
吐司1片、花生酱1大匙、香蕉30克、糖粉1小匙

做法
1. 吐司切除四边；香蕉去皮后切片；烤箱转至150℃预热约5分钟，备用。
2. 将吐司涂上花生酱，放上香蕉片，再放入烤箱中以150℃烤约8分钟。
3. 最后将烤好的吐司取出，撒上糖粉即可。

49 蒜香烤吐司

材料

厚片吐司1片、蒜泥1小匙、蒜苗末1/4小匙、奶油1大匙、细砂糖1小匙、盐1/8小匙

做法

1. 先将蒜泥、蒜苗末、奶油、细砂糖和盐均匀混合成抹酱。
2. 再将吐司放入烤箱烤至表面略黄，取出后涂上抹酱，再放入烤箱以180℃烤约3分钟即可。

50 培根奶酪条吐司

材料

吐司2片、培根3条、奶酪丝20克、奶油1小匙

做法

1. 先将1片吐司切成3条，再涂上奶油；烤箱转至180℃预热5分钟；将培根切成粗长条状，备用。
2. 将吐司条用培根卷起，撒上奶酪丝后放入预热好的烤箱中，以180℃烤约5分钟取出即可。

Tips.美味加分关键

切吐司的时候，为了让吐司好吃又好看，可以用专门切吐司的锯齿刀，来回锯着切开。若家中没有锯齿刀，也可用普通刀，切时刀尖由上而下，慢慢垂直切开，就能将吐司切得很漂亮。

51 吐司口袋饼

材料

吐司4片、鸡蛋2个、红甜椒丁30克、德式香肠1条、小黄瓜丁30克、鲜奶1大匙、色拉油1大匙

调味料

盐1/4小匙、白胡椒粉1/8小匙

做法

1. 德式香肠切丁，鸡蛋打散与小黄瓜丁、红甜椒丁、德式香肠丁、鲜奶和所有调味料混合拌匀。
2. 热锅，加入色拉油，倒入做法1的材料，以小火慢慢拌炒至蛋凝固呈滑嫩状。
3. 取吐司夹入做法2的馅料，再将小碗倒扣在吐司上，用力压断，使其成紧实的圆形状吐司即可。

52 比萨吐司

材料

厚片吐司2片、意大利面酱2大匙、乳酪丝120克、洋葱丝20克、玉米粒2大匙、火腿丁1.5片、青椒丝适量、黑胡椒粉少许、奶酪粉少许、粗干辣椒粉少许

做法

1. 厚片吐司先涂上意大利面酱，再撒入30克的乳酪丝。
2. 在做法1的厚片吐司上平均放入适量的洋葱丝、玉米粒、火腿丁和青椒丝，最后再撒上30克的乳酪丝，放置烤盘内，重复上述步骤至厚片吐司用完为止。
3. 放入烤箱中，以上火210℃、下火170℃烤10～15分钟，食用前再撒上黑胡椒粉、奶酪粉和粗干辣椒粉即可。

53 黑胡椒牛肉比萨吐司

材料

厚片吐司1片、牛肉丝30克、洋葱丝5克、奶酪丝30克

调味料

黑胡椒1/2大匙、面粉1/2小匙、奶油1/2小匙、盐1/4小匙

做法

1. 厚片吐司放入烤箱以150℃烤约3分钟，以增加硬度。
2. 起锅，放入洋葱丝、牛肉丝和所有调味料，以小火炒匀，放在烤吐司上。
3. 再撒上奶酪丝，放入预热的烤箱中，以上火200℃、下火150℃，烤约6分钟至吐司呈金黄色即可。

54 总汇三明治

材料

吐司3片、吐司火腿2片、鸡蛋2个、番茄1/2个、小黄瓜1/2条、蛋黄酱适量

做法

1. 小黄瓜洗净切丝；番茄洗净切成圆片。
2. 取锅，倒入少许油（材料外）烧热，将鸡蛋打入锅内，压破蛋黄，煎至熟后盛出。
3. 取锅，倒入少许油（材料外）烧热，将火腿放入后，煎至两面略黄且酥脆，即可盛出。
4. 将吐司放入烤面包机中，烤至两面脆黄，将外层的吐司取一面涂上蛋黄酱，另外两片吐司的两面皆均匀涂上蛋黄酱备用。
5. 先取外层吐司（有蛋黄酱的面朝内），放上小黄瓜丝、番茄片，然后叠上一片两面都涂蛋黄酱的吐司，放上煎好的火腿及蛋，再叠上一片吐司，将叠好的三片吐司合拢，以牙签稍作固定，先切去吐司边再切成4个三角形即可。

55 火腿三明治

材料

白吐司2片、鸡蛋1个、火腿片1片、小黄瓜1/2条、蛋黄酱适量、奶油适量

做法

1. 吐司放入烤箱中烤至两面微金黄，备用。
2. 取平底锅烧热，放入奶油，打入鸡蛋煎至两面金黄，备用。
3. 继续在锅中放入火腿片煎至边缘微焦，香味溢出。
4. 小黄瓜以盐搓洗冲水，刨成丝状备用。
5. 取一片吐司，抹上蛋黄酱，依次放上火腿片、小黄瓜丝和煎蛋，再放上另一片吐司（先抹蛋黄酱），对切成2份摆盘即可。

56 烤火腿三明治

材料

全麦吐司3片、火腿片2片、生菜2片、蛋黄酱1小匙

做法

1. 生菜洗净，泡入冷开水中至变脆，捞出沥干水分，备用。
2. 火腿片放入烤箱以150℃烤约2分钟，取出备用。
3. 全麦吐司分别单面抹上蛋黄酱，备用。
4. 取1片全麦吐司为底，依次放入1片生菜、1片火腿片，盖上另1片全麦吐司，再依次放入1片生菜、1片火腿片，盖上最后1片全麦吐司，稍微压紧，切除吐司边，再对切成2份即可。

57 牛奶火腿三明治

材料

白吐司4片、牛奶100克、蛋液100克、面包粉150克、奶酪片3片、火腿片3片、生菜3片

做法

1. 将白吐司四边切掉，先沾牛奶，再沾蛋液，最后沾上面包粉，稍微压一下以防面包粉掉落。
2. 取平底锅用中火，将吐司两面煎至金黄。
3. 4片吐司中间各夹入1片奶酪片、火腿片、生菜，再对半切即可。

注：沾了牛奶的吐司，口感更细腻，而且凉了之后也不会变硬。

58 金枪鱼三明治

材料

全麦吐司............3片
金枪鱼酱..........适量
苜蓿芽............10克
番茄片............2片

做法

1. 苜蓿芽洗净，沥干水分备用。
2. 全麦吐司取2片分别单面抹上金枪鱼酱，备用。
3. 取做法2的1片全麦吐司为底，依次放入1片番茄片和一半的苜蓿芽，盖上另1片全麦吐司，再依次放入1片番茄片和剩余的苜蓿芽，最后盖上没有抹酱的那片吐司，稍微压紧，对切成2份即可。

59 蔬菜烘蛋三明治

材料

全麦吐司3片、鸡蛋2个、洋葱丝5克、胡萝卜丝2克、葱段5克、圆白菜丝10克、生菜10克、番茄片3片

调味料

胡椒粉少许、盐少许、乳玛琳1小匙、蛋黄酱1小匙

做法

1. 鸡蛋打成蛋液，加入胡椒粉和盐拌匀；生菜剥下叶片洗净，泡入冷开水中至变脆，捞出沥干备用。
2. 平底锅倒入少许油（材料外）烧热，放入洋葱丝、胡萝卜丝、圆白菜丝和葱段小火炒出香味，倒入蛋液摊平，转中火烘至蛋液熟透，盛出切成与吐司相同大小的方片备用。
3. 全麦吐司单面抹上乳玛琳，放入烤箱中，以150℃略烤至呈金黄色，取出备用。
4. 取1片全麦吐司为底，依次放上生菜、番茄片，盖上另1片全麦吐司，再放上做法2的烘蛋片，并淋上蛋黄酱，盖上最后1片全麦吐司，稍微压紧，切除吐司边，再对切成2份即可。

60 冰冻三明治

材料
吐司3片、鸡蛋1个、火腿1片、鲜奶油50克

调味料
细砂糖1小匙、蛋黄酱适量

做法

1. 鸡蛋打入碗中搅打均匀，倒入热油锅中并快速摇动锅身让蛋液均匀布满锅面，以小火煎成蛋皮，盛出切成与吐司大小相同的方蛋皮，备用。
2. 鲜奶油倒入干净无水的容器中，以打蛋器快速拌打数下，加入细砂糖，继续搅打至成湿润的固体状备用。
3. 取2片吐司单面抹上蛋黄酱，备用。
4. 取做法3中的1片白吐司为底，放入方蛋皮，盖上另1片吐司，抹上适量做法2的鲜奶油，并放入火腿片，再将最后1片吐司抹上鲜奶油盖上，稍微压紧，切除吐司边，再对切成2份即可。

61 法式三明治

材料
吐司2片、鸡蛋液适量、鲜奶油20毫升、火腿2片、奶酪1片

调味料
蛋黄酱1大匙

做法

1. 鸡蛋液打入碗中搅散，加入鲜奶油搅拌均匀后过滤一次，备用。
2. 吐司单面抹上蛋黄酱，备用。
3. 取1片吐司为底，依次放入1片火腿片、奶酪片和另1片火腿片，盖上另1片吐司，稍微压紧，切除吐司边，表面均匀沾上蛋液，备用。
4. 平底锅烧热，放入少许鲜奶油烧融，再放入做法3的三明治，以小火将每一面均匀煎至金黄色，盛出。
5. 将做法4的材料摊平，表层抹上蛋黄酱，对切成2个三角形后叠起即可。

62 杂粮总汇三明治

材料

杂粮吐司3片、香料鸡肉适量、培根1片、番茄片3片、芝士片1片、蛋皮1张、水煮蛋片适量、洋葱圈10克、生菜2片、紫洋葱圈10克、酸黄瓜碎适量、芥末蜂蜜蛋黄酱适量、奶油适量

做法

1. 杂粮吐司涂上奶油，将表皮烤酥备用。
2. 取1片吐司，涂上芥末蜂蜜蛋黄酱，依次放上生菜、蛋皮、培根、番茄片及洋葱圈后，再盖上1片吐司，涂上芥末蛋黄酱，依次放上生菜、香料鸡肉、芝士片与水煮蛋片，最后放上紫洋葱圈，再盖上最后1片吐司，整个切半即可。

● 香料鸡肉

材料：鸡胸肉1副、匈牙利红椒粉15克、黑胡椒粉10克、红糖10克、盐5克

做法：①取一容器，将匈牙利红椒粉、黑胡椒粉、红糖及盐一起混合，放入鸡胸肉腌渍10分钟。②将做法①的鸡胸肉放入烤箱以150℃低温烤20分钟即可。

63 培根芝士炒蛋三明治

材料

法国面包1段、培根30克、芝士丝20克、鸡蛋2个、洋葱末5克、生菜3片、油少许

调味料

番茄酱1/2小匙、黑胡椒少许、无盐奶油1大匙

做法

1. 生菜剥片洗净，泡入冷开水中至变脆，捞出沥干；鸡蛋打成蛋液；培根切碎，备用。
2. 平底锅倒入少许油烧热，加入洋葱末和培根碎炒至呈金黄色，倒入蛋液摊平，煎至八分熟熄火，由外向内折成方形后，移入烤盘撒上芝士丝，放入烤箱以200℃烘烤至芝士丝融化表面略呈金黄色取出。
3. 法国面包对切，内面抹上无盐奶油，放入烤箱中以150℃略烤至呈金黄色，取1片面包为底依次放入生菜、做法2的材料，淋上番茄酱，撒上黑胡椒，再盖上另1片稍微压紧即可。

64 有机三明治

材料
胚芽葡萄面包1片、紫甘蓝丝适量、苜蓿芽适量、松子少许、葡萄干少许、苹果丝适量

调味料
蛋黄酱30毫升、原味酸奶15克

做法
1. 取一容器，将所有材料（面包除外）混合备用。
2. 将调味料混合拌匀成酱汁。
3. 胚芽葡萄面包纵向切开，但不切断，塞入做法1的材料，淋上酱汁即可。

65 青蔬贝果

材料
原味贝果1个、生菜叶2片、苜蓿芽少许、玉米粒1大匙、奶酪片1片、番茄片3片、酸黄瓜片3片、千岛沙拉酱适量

做法
1. 原味贝果横切成两片，抹上千岛沙拉酱，备用。
2. 取1片贝果为底，依次放上生菜叶、苜蓿芽、玉米粒、奶酪片、番茄片和酸黄瓜片，再淋上适量的千岛沙拉酱，最后盖上另1片贝果即可。

66 金枪鱼贝果

材料
原味贝果1个、金枪鱼罐头1罐、洋葱末适量、沙拉酱适量、生菜2片、番茄片6片、紫洋葱圈少许

调味料
黑胡椒粉少许、盐少许

做法
1. 将金枪鱼肉从罐头中取出沥干油分，加入洋葱末、沙拉酱、黑胡椒粉、盐拌匀备用。
2. 取贝果横切为两片，先涂上沙拉酱，再依次放入生菜、番茄片、做法1的金枪鱼沙拉和紫洋葱圈即可。

67 红薯蒙布朗三明治

材料

红薯200克、白豆沙50克、鲜奶油50克、熟蛋黄1个、奶油少许、去边吐司4片、挤花袋1个

做法

1. 红薯去皮切片，泡入水中去除淀粉质后沥干，再放入蒸笼蒸15~20分钟至熟软后，捣成泥状备用。
2. 熟蛋黄过筛后，与红薯泥、白豆沙及鲜奶油搅拌均匀备用。
3. 将去边吐司烤上色后，涂上奶油，将做法2的材料装至挤花袋中挤在1片吐司上，盖上另1片吐司，再对切即可。

68 肉酱三角吐司

材料

吐司2片、市售肉酱100克、蛋黄2个

做法

1. 吐司切边后用擀面棍擀扁；蛋黄打成蛋液，备用。
2. 将50克的肉酱均匀涂在擀好的吐司内面后，再把吐司的四边抹上蛋液对折成三角形，然后压平并捏紧边边，重复此动作至吐司用毕。
3. 于压好的吐司表面涂上蛋液。
4. 烤箱转至150℃后预热5分钟，再将吐司放入烤箱中，以150℃烤约5分钟至吐司表面呈金黄色后取出即可。

Tips.美味加分关键

利用单片吐司包夹馅料时，可以先将吐司稍微擀平，因为吐司如果太厚，对折时容易破裂，就会影响卖相。

69 美式汉堡

材料
汉堡面包1个、汉堡肉1片、生菜1片、生菜丝少许、芝士片1片、番茄片2片、紫洋葱圈适量、沙拉酱少许、番茄酱少许、油少许

做法
1. 取锅，加入少许油烧热，放入汉堡肉煎熟。
2. 汉堡面包横切一刀，但不切断，抹上沙拉酱。
3. 在汉堡面包中依次夹入生菜、生菜丝、芝士片、番茄片、汉堡肉和紫洋葱圈，最后再挤上番茄酱即可。

70 牛肉汉堡排

材料
牛肉泥（牛里脊肉）150克、洋葱1/2个、胡萝卜100克、蛋清适量、色拉油1大匙

调味料
黑胡椒2小匙、盐少许、细砂糖1小匙、中筋面粉1.5大匙

做法
1. 洋葱、胡萝卜去皮，洗净后切小碎丁，备用。
2. 在做法1的材料中放入牛肉泥、蛋清与所有调味料，拌匀。
3. 手掌沾上少许油，再将做法2的材料抓成圆球，用双手交互拍打肉排两面至成厚度约2厘米的圆饼状。
4. 热锅，倒入1大匙油以中火烧热，放入做法3的材料，再以中小火煎熟至两面呈金黄色即可。

71 鸡肉汉堡排

材料
鸡肉泥（鸡胸肉）150克、洋葱1/2个、玉米粒130克、蛋清适量、色拉油1大匙

调味料
黑胡椒2小匙、盐少许、细砂糖1小匙、中筋面粉1.5大匙

做法
1. 洋葱去皮，洗净后切成小碎丁状，备用。
2. 继续加入鸡肉泥、蛋清、玉米粒与所有调味料拌匀。
3. 手掌沾少许油（材料外），将做法2的材料抓成圆球，用双手拍打肉排两面至成厚度约2厘米的圆饼状。
4. 热锅，倒入1大匙油以中火烧热，放入做法3的材料，再以中小火煎熟至两面呈金黄色即可。

43

72 多汁汉堡肉排

材料

猪肉泥200克、洋葱20克、胡萝卜5克、西芹5克、红酒少许、油少许

调味料

酱油10毫升、细砂糖1/4小匙、面包粉1大匙、黑胡椒粉1/4小匙、鸡蛋1/2个

做法

1. 将洋葱、胡萝卜及西芹全部去皮（西芹只去除过老的外皮即可），洗净后切末，备用。
2. 将猪肉泥用刀背敲打后，加入所有调味料及做法1的材料，一起拌匀至调味料全被猪肉泥吸收为止。
3. 将猪肉泥团整个拿起往容器里用力摔打十数下，至猪肉泥团黏稠且出筋。
4. 将出筋的猪肉泥团以双手捏拍成圆饼状，厚度约2厘米。
5. 取一平底锅，倒入少许油烧热，再放入做法4的肉饼以中火煎熟，起锅前倒入少许红酒，增加肉排的香气即可。

73 新奥尔良烤鸡堡

材料

去骨鸡翅1个、紫洋葱圈1片、番茄片1片、生菜1片、汉堡面包1个

调味料

番茄酱1小匙、细砂糖1/4小匙、酱油10毫升、蒜泥2克、黑胡椒粉1/4小匙、黄芥末1/4小匙

做法

1. 将去骨鸡翅与所有调味料（预留少部分）拌匀后腌约15分钟至入味，备用。
2. 将腌好的鸡翅取出置于烤盘中，放入已预热的烤箱内，以150℃的温度烤约5分钟后取出，再涂上一次腌料(做法1剩余的)，以180℃的温度烤约8分钟取出。
3. 将汉堡面包放进烤箱略烤至热，取出后横剖开，于中间依次放上生菜、烤好的去骨鸡翅、番茄片和紫洋葱圈即可。

74 黄金金枪鱼沙拉堡

材料

罐头金枪鱼50克、洋葱末20克、熟玉米粒10克、生菜1片、汉堡面包1个

调味料

蛋黄酱1大匙、细砂糖1/4小匙、黑胡椒粉1/4小匙

做法

1. 将罐头金枪鱼汤汁沥干，倒入料理盆中，再加入洋葱末、熟玉米粒及所有调味料，拌匀即为金枪鱼沙拉。
2. 将汉堡面包放进烤箱略烤至热，取出后横剖开，于中间依次放上金枪鱼沙拉及生菜即可。

75 口蘑蔬菜蛋堡

材料

汉堡面包1个、鸡蛋2个、玉米粒5克、西芹末2克、蘑菇片10克、胡萝卜末2克、番茄片2片、生菜2片、紫洋葱圈2片、蛋黄酱1大匙、色拉油少许

调味料

盐1/4小匙

做法

1. 将鸡蛋加入盐打散成蛋液，备用。
2. 锅烧热，倒入色拉油，将西芹末、蘑菇片、胡萝卜末放入平底锅内炒香，再徐徐倒入蛋液略微混合后，以小火烘至熟。
3. 将汉堡面包放进烤箱略烤至热，取出后横剖开，内层涂上蛋黄酱，再放上番茄片、生菜、做法2的蔬菜烘蛋和紫洋葱圈即可。

76 黑胡椒牛肉大亨堡

材料

牛肉片100克、洋葱丝10克、番茄片2片、小黄瓜片5片、生菜1片、船形面包1个、色拉油少许

调味料

黑胡椒酱2大匙、细砂糖1/2小匙

做法

1. 锅烧热，倒入少许色拉油，先将洋葱丝放入锅中炒香，再加入牛肉片和所有调味料稍微翻炒拌匀后熄火，即为黑胡椒牛肉内馅。
2. 将大亨堡面包放进烤箱内略烤数秒至温热，剖开，先夹入生菜，接着放入番茄片、小黄瓜片，最后放入黑胡椒牛肉肉馅即可。

77 芥末热狗堡

材料

船形面包............1个
生菜.................2片
德式香肠............1条
沙拉酱..............少许
酸黄瓜酱.........10克
黄芥末..............少许

做法

1. 德式香肠放入沸水中烫熟，或放入锅中煎熟。
2. 船形面包剖开，在中间切面涂抹上少许沙拉酱，依次放入生菜和德式香肠。
3. 食用前再淋上酸黄瓜酱和黄芥末即可。

78 土豆沙拉堡

材料

船形面包1个、土豆1个、蛋黄酱适量、火腿片1片、小黄瓜片3片、番茄片1片、卤蛋片1/4片、西生菜2片

调味料

盐适量、白胡椒粉适量

做法

1. 火腿片切丁；土豆洗净去皮切片，蒸熟后捣成泥状，加入蛋黄酱、火腿丁、盐、白胡椒粉混合拌匀。
2. 取船形面包，剖开，依次放入西生菜、做法1的材料，再放入卤蛋片、小黄瓜片和切成半月形的番茄片即可。

79 辣味热狗堡

材料

船形面包1个、德式香肠1条、青椒1个、橄榄油50克

调味料

A. 番茄1个（150克）、番茄酱100克、洋葱末200克、蒜泥10克、姜末10克、水100毫升、细砂糖6克
B. 鼠尾草少许、罗勒少许、月桂叶1片
C. 鸡精少许、盐少许、黑胡椒粉少许、辣椒酱汁10克

做法

1. 德式香肠放入沸水中煮熟，捞起沥干；青椒洗净，斜切成圈状，备用。
2. 番茄尾部划十字，放入沸水中略汆烫，捞起去皮，切丁备用。
3. 取锅，加入橄榄油烧热后，加入洋葱末、蒜泥、姜末炒至柔软后，加入水、细砂糖和番茄丁、番茄酱和调味料B煮至浓稠，再加入调味料C略煮即成辣味番茄酱。
4. 取船形面包，放入烤箱中略烤至外表酥脆，放入德式香肠，填入辣味番茄酱，再放上青椒圈即可。

80 鸡肉培根堡

材料

汉堡包2个、鸡胸肉120克、培根2片、生菜2片、番茄片2片、黄甜椒适量、奶酪片2片、酸黄瓜少许、奶油适量

酱汁

蛋黄酱30克、番茄酱15克

做法

1. 鸡胸肉切薄片，撒上少许盐和黑胡椒粉（材料外）干煎至熟；培根干煎至熟，备用。
2. 生菜泡入冰水中；酱汁混合拌匀，备用。
3. 汉堡包略烤，取其中1个，对半剖开，底层内侧抹上适量奶油，依次放入1片生菜、番茄片、鸡胸肉、培根片、奶酪片和黄甜椒片，再淋上适量酱汁，放上酸黄瓜即可。

81 熏鸡潜艇堡

材料

法国面包1/4段、紫洋葱圈适量、莴苣2片、生菜丝少许、熏鸡肉 40克、酸黄瓜片3片、沙拉酱少许

调味料

黑胡椒粉适量

做法

1. 法国面包横切成2片，放入烤箱中略烤热，内侧涂抹上沙拉酱。
2. 取其中1片法国面包，放上紫洋葱圈、莴苣、生菜丝、熏鸡肉和酸黄瓜片后，撒上黑胡椒粉，挤上沙拉酱，再盖上另1片法国面包即可。

82 鲜菇堡

材料

芝麻核桃面包2片、杏鲍菇100克、鲜香菇2朵、蒜片1颗、西生菜2片、橄榄油18毫升、奶油适量

调味料

白酒15毫升、盐适量、白胡椒粉适量

做法

1. 杏鲍菇、鲜香菇洗净沥干，切成片状，备用。
2. 取锅，加入橄榄油烧热，放入蒜片炒香，加入做法1的菇片略拌炒一下，淋入白酒拌炒均匀，以盐和白胡椒粉调味。
3. 芝麻核桃面包放入烤箱热烤，对半剖，内侧抹上适量奶油，放入西生菜和炒菇片即可。

83 铁板鸡肉沙威玛

材料

圆形面包1个、奶油40克、罐装黑胡椒酱2大匙、高汤100毫升、鸡肉片70克、洋葱丝50克、生菜丝50克、番茄片3片、蛋黄酱适量

做法

1. 长形面包放入烤箱以180℃略为加热，从侧边切开成两半，备用。
2. 取一平底锅，以奶油将洋葱丝炒香，放入鸡肉片以中火炒约4分钟至熟，再加入罐装黑胡椒酱、高汤，拌炒2分钟后熄火备用。
3. 面包对剖，下层依次叠上生菜丝、番茄片、蛋黄酱、炒鸡肉，最后盖上面包上层即可。

84 柔嫩香滑蛋堡

材料

大饼	1个
鸡蛋	2个
茴香	适量
奶油	15克
牛奶	15毫升

调味料

盐	适量
黑胡椒粉	适量

做法

1. 大饼对切成2等份，放入烤箱中略烤热备用。
2. 茴香洗净沥干，切末。
3. 取一容器，打入鸡蛋，加入牛奶、盐和黑胡椒粉混合拌匀，再加入茴香搅拌。
4. 取平底锅，加入奶油烧热，倒入做法3的蛋液，煎至半熟液态状，以筷子快速搅拌后起锅盛盘，再于盘内放上大饼即可。

85 香肠玉米煎蛋

材料

A. 罐装巴克香肠2根、水100毫升
B. 罐装玉米粒3大匙、鸡蛋2个、洋葱碎20克、青甜椒碎8克、黄甜椒碎8克、红甜椒碎8克、黑胡椒粉(粗)适量、橄榄油4大匙

调味料

A. 罐装番茄酱3大匙、蒜碎1小匙、柠檬汁1小匙、细砂糖适量
B. 盐适量、细砂糖适量

做法

1. 先将番茄酱、蒜碎、柠檬汁、细砂糖搅拌均匀制成蒜味番茄酱，备用。
2. 取一汤锅加水，以中火将巴克香肠煮熟（约5分钟），放入盘中备用。
3. 取一盆，将罐装玉米粒、鸡蛋、洋葱碎、三色甜椒碎、盐、细砂糖、黑胡椒粉打散成蛋液备用。
4. 用平底锅加橄榄油，将蛋液煎熟至表面呈金黄色，盛入盘中，再淋上蒜味番茄酱即可。

86 美式炒蛋

材料
鸡蛋3个、鲜奶2大匙、
无盐奶油2大匙

调味料
盐1/4小匙

做法

1. 鸡蛋加入鲜奶和盐，混合拌匀成蛋液，备用。
2. 热平底锅，加入无盐奶油，以小火加热至奶油融化。
3. 将蛋液倒入热锅中，开小火，用平锅铲将蛋液以推的方式铲动，让蛋呈片状慢慢凝固。
4. 至蛋基本凝固住即可盘盘。

87 欧姆蛋

材料
鸡蛋3个、鲜奶30毫升、无盐奶油3大匙

调味料
盐1/4茶匙、番茄酱适量

做法

1. 鸡蛋打入大碗中，加入鲜奶和盐，拌匀成蛋液备用。
2. 平底锅加热，加入无盐奶油至完全融化，开中火快速倒入蛋液。
3. 一边加热，一边快速将蛋液搅拌均匀，待蛋液呈半凝固状态，用筷子将其拨至平底锅前缘加热定型。
4. 再将煎蛋轻轻翻面，让各面均匀受热并整成橄榄形盛入盘中，食用前再挤上适量番茄酱搭配即可。

88 芝士面包丁煎蛋

材料
鸡蛋3个、吐司片2片、
芝士丝50克、无盐奶油
1大匙

调味料
盐1/6小匙

做法

1. 吐司片去边后，分切小丁。
2. 鸡蛋打入容器中，加入盐拌匀成蛋液备用。
3. 平底锅加热后，加入无盐奶油至完全融化，将蛋液倒入锅中，并使其迅速摊平。
4. 将吐司丁和芝士丝撒在蛋液上。
5. 用锅铲将一边的蛋皮覆盖至另一边，注意要将吐司丁和芝士丝完全包住，待煎至蛋两面金黄焦熟，盛盘即可。

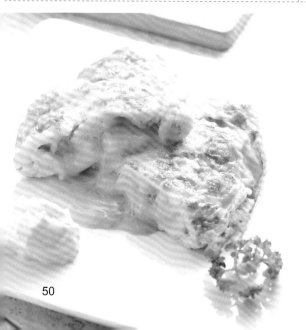

89 熏三文鱼班尼迪克蛋

材料
水波蛋2个、熏三文鱼60克、英式马芬面包2个、菠菜100克、奶油20克、荷兰酱适量

调味料
盐少许

● 荷兰酱 ●
材料：蛋黄2个、液态融化奶油150毫升、柠檬汁30毫升、细砂糖5克、盐适量、白胡椒粉适量、意式综合香料适量、水适量
做法：①取一大碗，将蛋黄与柠檬汁和水混合后搅打均匀。②烧一小锅沸水，将做法①的材料隔水加热，加热时需不断搅拌，接着缓缓加入融化奶油，过程中也要不断搅拌，搅拌至浓稠后再加入细砂糖、盐、白胡椒粉、意式综合香料调味即可。

做法
1. 将菠菜以奶油水（沸水中加少许奶油和盐）汆烫后取出备用。
2. 英式马芬面包放入烤箱以160℃烤2分钟后取出，再涂上一层奶油增加香气。
3. 依次将英式马芬面包、菠菜、熏三文鱼、水波蛋叠起，最后淋上荷兰酱即可。

注：1.菠菜也可以换成炒的做法。
　　2.可随个人喜好将熏三文鱼改成火腿等食材。

90 鲜奶薄饼

材料

A. 低筋面粉75克、细砂糖12克、鸡蛋1个、牛奶180克、奶油20克、味啉10克
B. 水蜜桃罐头1罐、糖粉少许

做法

1. 低筋面粉过筛；奶油融化，备用。
2. 将做法1的材料和剩余的材料A混合成面糊，静置1小时。
3. 平底锅烧热，涂上薄薄一层油（材料外），以小火加热，将面糊倒入摊成圆饼状，煎至边缘呈金黄色。
4. 食用时，将水蜜桃切片，包入薄饼内对折，外面再撒些糖粉即可。

注：1. 做法3中涂的油，奶油、色拉油皆可。
　　2. 薄饼中也可包入喜爱的果酱或鲜奶油，口感更滑润。

91 芝士饼夹蛋

材料

市售芝士饼2片、去边吐司2片、鸡蛋1个、洋葱丝适量、小黄瓜丝1/4条

调味料

千岛酱1大匙

做法

1. 鸡蛋打散，煎成蛋片备用。
2. 取一片去边吐司抹上千岛酱，依次铺上蛋片、洋葱丝和小黄瓜丝。
3. 将芝士饼直接放入干锅中煎至两面焦脆，再将做法2的吐司片放入，对折后轻压定型即可。

92 焗烤法国面包

材料

法国面包4片、生菜4片、圣女果4个、火腿片1片、芝士片2片、玉米粒3大匙、市售法式白酱4大匙、黑胡椒粉1/2小匙、芝士丝80克、欧芹碎少许

做法

1. 生菜洗净，沥干水分，切丝；火腿片、圣女果和奶酪片切小丁状，再和玉米粒、法式白酱、黑胡椒粉混合搅拌备用。
2. 取一片法国面包，铺上适量的做法1的材料，撒上芝士丝放至烤盘上，重复前述步骤至法国面包用完。
3. 将做法2的面包放入烤箱中，以上火220℃、下火160℃烤10～15分钟，至表面金黄取出，撒上欧芹碎即可。

93 低脂三色蔬菜棒

材料
小黄瓜2条（约80克）、西芹3大根（约80克）、胡萝卜2/3条（约80克）

调味料
酸奶1/2杯、洋葱15克、水煮蛋1/4个、番茄酱1小匙、黄芥末酱1/4小匙、水果醋1/2小匙

做法
1. 将小黄瓜、西芹、胡萝卜洗净沥干，备用。
2. 将调味料全部放入果汁机拌打均匀，即为特制低脂沙拉酱。
3. 小黄瓜去头尾、西芹去粗丝、胡萝卜去皮后，皆切成长条状装杯，食用时蘸特制低脂沙拉酱即可。

94 草莓酸奶沙拉

材料
草莓6个（约120克）
猕猴桃 ………… 1/3个

调味料
原味酸奶……… 1/2杯
草莓 ……………… 2个

做法
1. 草莓洗净去蒂并对切；猕猴桃洗净去皮后切小丁。
2. 将调味料里的草莓洗净去蒂后，连同酸奶放入果汁机拌打均匀。
3. 将做法1的草莓及猕猴桃放入盘中，再淋上做法2的酱汁即可。

95 水果牛奶沙拉

材料
苹果1个、猕猴桃1个、菠萝1片、水蜜桃1个、草莓3颗

调味料
鲜奶100克、柳橙汁150克、鸡蛋1个、细砂糖30克、玉米粉15克、原味酸奶100克

做法
1. 将所有水果均切成小丁备用。
2. 将细砂糖与鸡蛋先拌匀，再加入玉米粉、柳橙汁及鲜奶拌匀，然后以中火加热，中途须不停地搅拌，煮至糊化后熄火，稍凉后加入酸奶拌匀即为沙拉酱。
3. 将做好的沙拉酱淋在做法1的水果丁上即可。
注：柳橙汁必须是100%原汁，也可换成其他你喜欢的果汁，以尝试不同口味。

96 芝士沙拉

材料

生菜100克、绿莴苣150克、紫莴苣150克、豆角10克、黄甜椒20克、红甜椒20克、番茄椒20克、芝士50克、橄榄油60毫升

调味料

醋20毫升、盐适量、胡椒适量

做法

1. 生菜、莴苣洗净，沥干水分切片；豆角洗净，沥干水分切段，备用。
2. 甜椒、番茄椒洗净切条；芝士切丁，备用。
3. 将生菜片、莴苣片、豆角段、甜椒条、番茄椒条混合均匀，撒上芝士丁。
4. 取一锅，放入橄榄油、醋、盐及胡椒拌匀后加热，即为酱汁。
5. 将酱汁淋在做法3的蔬菜上即可。

97 野莓鸡肉沙拉

材料

鸡胸肉1副、生菜100克、什锦野莓酱15克、油醋汁50毫升、新鲜蓝莓适量、白酒适量

调味料

盐适量、白胡椒粉适量

做法

1. 取一容器，放入鸡胸肉、盐、白胡椒粉及白酒，腌渍10分钟。
2. 煮一锅水，沸腾后转小火保持微滚状态，放入腌渍好的鸡胸肉煮约10分钟后取出，待冷却后切片备用。
3. 生菜洗净，泡冰水冰镇后取出，沥干备用。
4. 将什锦野莓酱与油醋汁、新鲜蓝莓一起搅拌均匀，加入煮好的鸡肉片与生菜，混合均匀即可。

Tips.美味加分关键

利用热水微沸的温度，将鸡肉煮熟，能够保持肉质的湿润，吃起来口感软嫩顺滑。传统油醋汁橄榄油和醋的比例为3：1，但考虑到亚洲人的饮食习惯，通常会少放点橄榄油，使口感更清爽。

98 熏鸡凯萨沙拉

材料
生菜1/2颗、芝士100克、烟熏鸡肉片2大片、培根3大片、大蒜面包丁50克

调味料
A. 鳀鱼罐头1罐、蒜泥1大匙、芥末籽20克、梅林辣酱100毫升、橄榄油200毫升、白酒醋20毫升
B. 蛋黄酱适量
C. 芝士粉1大匙、黑胡椒少许

做法
1. 将所有调味料A用果汁机打匀,再拌入蛋黄酱调至适当浓稠,即为凯萨酱,备用。
2. 将生菜洗净剥小块,浸泡冰水10分钟使口感爽脆,捞起沥干,与凯撒酱混拌均匀,装入盘中备用。
3. 将芝士切成条状;烟熏鸡肉片切成一口大小;培根切小片,在锅中干烤至出油;大蒜面包丁放入烤箱烤至金黄色,备用。
4. 将做法3的所有材料铺在做法2的生菜上,撒上调味料C即可。

99 田园沙拉

材料
莴笋叶3片、小黄瓜2条、黄甜椒1/3个、红甜椒1/3个、苹果1/2个

调味料
葡萄干1小匙、芝士粉1/2小匙、百香果酱汁1/2杯

做法
1. 莴笋叶一片片洗净后,以手撕成小片状;小黄瓜洗净,切片;黄甜椒、红甜椒洗净,去籽,切成长条状;苹果洗净,切薄片,并立刻泡入盐水中,备用。
2. 将做法1的材料沥干水分后,平铺于盘中,食用前依次淋上百香果酱汁,撒上葡萄干、芝士粉即可。

● 百香果酱汁 ●

材料:百香果5个、橄榄油2小匙、酸奶1小匙、柳橙汁1大匙
做法:百香果对切,挖出果肉,放入果汁机中绞碎,再倒入碗中,与其余材料一起搅拌均匀即可。

100 盐烤三文鱼饭团

材料

新鲜三文鱼120克、小黄瓜1条、米饭适量、海苔4片

调味料

盐适量

做法

1. 烤架铺上一张锡箔纸，并于表面抹上薄薄一层油，备用。
2. 三文鱼洗净、擦干水均匀撒上适量的盐，放在锡箔纸上，移入已预热的烤箱中，用180℃烤10～15分钟至熟后取出，去刺、剥碎，备用。
3. 小黄瓜先用适量盐搓揉，再冲水洗净，剖开切小丁，备用。
4. 将米饭与三文鱼碎、黄瓜丁一起拌匀，再取适量捏紧成饭团，饭团大小、造型可依自己喜好变化。还可裹上海苔。

1　2　4-1　4-2　4-3

捏日式饭团的基本功

制作方式1 利用手套与双手

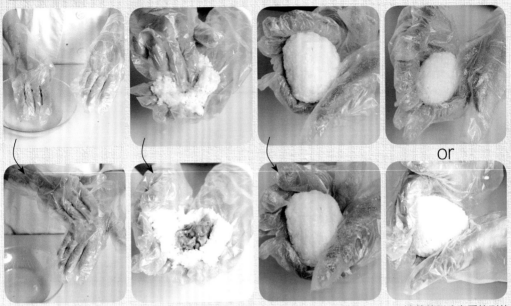

1. 双手先沾湿再抹少许盐。
2. 饭团挖洞包料再盖饭填合（无包料此步骤可省略）。
3. 用双手先将饭团捏紧。
4. 接着整形成喜爱的形状。

制作方式2 利用三角饭团模具1

1. 模型事先以水沾湿，将饭填入模型凹槽至满。
2. 将模型盖子对准凹槽盖上后往下压实。
3. 掀开盖子，取出成型的饭团。
4. 可依喜好，食用前裹上海苔片即可。

制作方式3 利用三角饭团模具2

1. 铺一层米饭至模型凹槽底部。
2. 将馅料加入饭团中间。
3. 盖上米饭并用力往下压实，修边整形。
4. 取出成型的饭团，依喜好裹上海苔即可。

101 蒜香培根饭团

材料

蒜头数个、培根60克、香菜1根、米饭适量、海苔4片

做法

1. 蒜头去皮切薄片，煎炸酥脆，放凉切粗末；培根煎出油脂，切粗末；香菜洗净切末状，备用。
2. 将米饭与蒜末、培根末、香菜末一起拌匀，再取适量捏紧成饭团，饭团大小、造型可依个人喜好变化，还可裹上海苔。

102 柴鱼梅肉饭团

材料

柴鱼片（细）6克、梅肉（去核）3颗、熟白芝麻少许、大米300克、十谷米60克、水400毫升、海苔片1片、大菜叶1片

调味料

酱油6毫升、味啉6毫升

做法

1. 大米和十谷米混合洗净后，加入400毫升的水，放入电饭锅中煮至开关跳起，打开锅盖翻动米饭，再焖一下，备用。
2. 酱油和味啉混合拌匀，加入柴鱼片、梅肉和熟白芝麻拌匀。
3. 取适量的米饭，包入做法2的材料，捏成三角形饭团，再分别包上海苔片或大菜叶即可。

103 榨菜笋香饭团

材料

猪肉泥50克、榨菜60克、熟笋120克、红辣椒1个、蒜2颗、米饭适量、海苔适量、油适量

做法

1. 红辣椒洗净，切丁；蒜切末；榨菜、熟笋切小丁，放入滚水中汆烫约1分钟后捞起沥干，备用。
2. 热锅，加入适量油，炒香蒜末，放入猪肉泥炒散，加入榨菜丁与熟笋丁拌炒均匀，再加入辣椒丁拌匀配色。
3. 将米饭与做法2的材料一起拌匀，再取适量捏紧成饭团，大小可依个人喜好，还可裹上海苔。

104 玉米金枪鱼饭团

材料
A. 金枪鱼罐头1罐、甜玉米粒80克、蛋黄酱30克
B. 米饭适量、海苔适量

调味料
粗黑胡椒粉适量、盐少许

做法
1. 将金枪鱼从罐头中取出，沥干水分并剥散，再加入其他材料A和调味料一起拌匀，制成内馅，备用。
2. 取适量内馅包入米饭中，捏紧成饭团，饭团大小可依个人喜好，还可裹上海苔。

105 鲣鱼花饭团

材料
A. 细柴鱼片20克、熟白芝麻适量
B. 米饭适量、熟白芝麻适量、海苔适量

调味料
水60毫升、米酒30毫升、味啉18毫升、酱油30毫升、细砂糖24克、麦芽糖10克

做法
1. 将所有调味料混合拌匀，调成酱汁，备用。
2. 取锅，加入酱汁、细柴鱼片，用中小火慢慢煮至收汁、变稠且入味，再撒上熟白芝麻略拌匀，即为内馅，备用。
3. 取适量内馅包入米饭中捏紧成饭团，表面可撒上适量熟白芝麻装饰，饭团大小可依个人喜好，还可裹上海苔。

106 樱花虾饭团

材料
樱花虾70克、小青椒1个、蒜泥10克、米饭适量、海苔适量、油适量

调味料
盐少许、胡椒粉少许

做法
1. 樱花虾放入滚水中快速汆烫，再捞起沥干，备用；小青椒洗净后切丁，备用。
2. 热锅，加入适量油，炒香蒜泥，再放入樱花虾与小青椒丁拌炒均匀，以盐与胡椒粉调味，备用。
3. 将米饭与做法2的材料一起拌匀，再取适量捏紧成饭团，饭团大小、造型可依个人喜好变化，还可裹上海苔。

107 榨菜樱花虾饭团

材料

榨菜60克、樱花虾20克、蒜泥10克、米酒1小匙、米饭适量、海苔适量、油适量

做法

1. 榨菜洗净切细丁，汆烫一下后捞起；樱花虾洗净。
2. 热锅，加入适量油，炒香蒜泥，放入榨菜丁、樱花虾拌炒均匀，淋入米酒增香，盛起备用。
3. 将米饭与做法2的材料一起拌匀，再取适量捏紧成饭团，饭团大小、造型可依个人喜好变化，还可裹上海苔。

108 烤味噌银鱼饭团

材料

米饭 100 克、银鱼 30 克、味噌 30 克、鲣鱼酱油 10 毫升、海苔片 2 片

做法

1. 将味噌、鲣鱼酱油一起混合调匀成拌酱。
2. 将米饭与拌酱混合，再加入银鱼混拌均匀，捏成三角饭团。
3. 将三角饭团放入烤箱，以160℃烤8分钟后取出，以海苔片围边即可。

109 明太子饭团

材料

米饭80克、明太子60克 、味啉5毫升、海苔条适量、香菜适量

做法

1. 将明太子切半，将一半的明太子卵挤出，另一半对切放入烤箱略烤，备用。
2. 将明太子卵（预留少许）与米饭、味啉混合均匀，分成2等份，分别包入烤过的明太子，捏制成饭团。
3. 将饭团用海苔条卷起，放上剩余的明太子与香菜装饰即可。

110 太卷

材料

香菇煮3朵、小黄瓜1条、胡萝卜煮2条、入味干瓢2条、厚蛋烧（宽1.5厘米）1条、市售浦烧鳗1/4条、海苔片1片、寿司饭适量

做法

1. 香菇煮切丝；小黄瓜横切成4等份，去籽；浦烧鳗切成宽1.5厘米，备用。
2. 于海苔片上铺上寿司饭（海苔片前端预留1.5厘米），依次放入香菇煮、小黄瓜、胡萝卜煮、入味干瓢、厚蛋烧和浦烧鳗后，卷起即可。

注：香菇煮、胡萝卜煮、入味干瓢做法请见P63；寿司饭做法请见P62。

111 海苔精进寿司

材料

A. 海苔片1片、寿司饭适量
B. 红色豆签丝2大匙、小黄瓜1/4条、素肉松2大匙、罐头玉米粒2大匙

做法

1. 小黄瓜用适量盐搓揉后冲水去盐分，剖开、去籽、切长条状，备用。
2. 取寿司竹帘，铺上海苔片，再铺上适量寿司饭（前端预留2厘米），依次摆上黄瓜条和其余材料B，卷起成圆柱状寿司卷，食用时切段即可。

注：寿司饭做法请见P62。

112 海苔寿司

材料

A. 海苔片1片、寿司饭适量
B. 胡萝卜煮1条、市售蒲烧鳗鱼1/2条、入味干瓢适量、厚蛋烧1/8条、小黄瓜1/2条

做法

1. 小黄瓜用盐搓揉后洗除盐渍，切适量长条，备用。
2. 取寿司竹帘，铺上海苔片，再铺上适量寿司饭（前端预留2厘米），再依次摆上黄瓜条和其余材料B，卷起成圆柱状寿司卷，食用时切段即可。

注：寿司饭做法请见P62，胡萝卜煮、入味干瓢、厚蛋烧做法请见P63。

煮出Q弹寿司饭

注意醋的比例

寿司米醋是做寿司的专用醋，在日系食品店中都可以买到，如果没有的话，也可以试试看用气味比较温和的糯米醋或苹果醋来代替。醋的比例可随个人的喜好来调整，通常比例大约是1杯米兑2大匙寿司醋。

1

取适量米放于盆内，用水冲洗。水倒入时，用手快速轻轻搅拌米粒，冲洗过后的洗米水立刻倒掉，如此重复2次。

2

倒入少许水，左手顺着固定方向慢慢转动盆身，右手则轻轻均匀抓搓米粒，重复搓洗至水清。

3

将米放到筛网上沥干水分，静置0.5~1个小时。

4

将米放入电饭锅中，水量与米量的比例为1：1，按下开始键。

5

煮好的饭翻松后，再焖10~15分钟，使米粒的口感更能发挥出来。

6

米饭趁热盛到大盆中（因为拌醋时热的饭才能吸收入味）。

7

调制寿司醋（米醋150毫升、白砂糖90克、盐30克混合），并按照1杯米配30毫升寿司醋的比例倒入饭中。

8

将饭勺以平行角度切入饭中翻拌，让饭充分吸收醋味。

9

待醋味充分浸入米粒里后，将米饭用扇子扇凉，至约37℃即可。

寿司五大基本配料

●厚蛋烧

材料

日式高汤100毫升、酒20毫升、盐少许、细砂糖50克、鸡蛋5个、色拉油少许

做法

1. 鸡蛋打散,加入日式高汤、酒、盐、细砂糖搅拌匀(不可有泡沫)备用。
2. 平底锅加热,用筷子醮少许蛋汁滴入锅中,会产生"滋滋"声时,即可煎厚蛋。
3. 锅面涂上薄薄的色拉油,舀取适量蛋汁倒入,布满锅面,以中火慢煎,有气泡膨胀的部分用筷子戳破,等到蛋汁半熟时,将蛋皮对折移至前方锅边。
4. 空出来的锅面重新涂一层色拉油,舀入适量蛋汁并稍微掀起锅边的蛋皮,让蛋汁流入下方,使其布满整个锅面,煎至半熟时,再次对折移至锅边,如此重复直到蛋汁煎完为止。
5. 煎好的厚蛋可利用锅铲与锅缘稍微整形,然后移至盘中,待凉后视需要切取即可。

备注:1000毫升水加1段海带(15厘米长),煮沸取出海带,再放入7克柴鱼素,熄火,即成日式高汤。

●寿司姜

材料

嫩姜	100克
水	100毫升
醋	100毫升
细砂糖	45克
盐	5克

做法

1. 将醋、盐、细砂糖加入水中煮热至细砂糖融化,即是甘醋汁,放凉备用。
2. 将嫩姜洗净、切片,放入冷水中浸泡约3小时以去除苦涩味,然后用纱布拧干,放入甘醋汁中浸泡1小时以上即可。

●香菇煮

材料

香菇	10朵
日式高汤	200毫升
味啉	30毫升
细砂糖	25克
酱油	30毫升
铝箔纸	1张

做法

1. 将香菇洗净泡软,去菇蒂,放入日式高汤中煮沸。
2. 转小火,加入味啉、细砂糖、酱油,将铝箔纸撕小洞后盖上,焖煮至略为收汁即可。

注:使用铝箔纸盖可使煮汁蒸发缓慢,防止食物翻滚,同时使材料均匀入味。

●胡萝卜煮

材料

胡萝卜1条、日式高汤300毫升、味啉20毫升、酱油10毫升、细砂糖20克、铝箔纸1张

做法

1. 将日式高汤、味啉、酱油、细砂糖混合煮匀,备用。
2. 将胡萝卜洗净去皮,切成长条,放入高汤中,盖上撕有小洞的铝箔纸,用小火煮至胡萝卜稍微变软(约5分熟)后熄火,捞出即可。

●入味干瓢

材料

干葫芦条50克、日式高汤500毫升、酒30毫升、味啉35毫升、酱油35毫升、细砂糖30克、铝箔纸1张

做法

1. 干葫芦条洗净泡软,沥干。
2. 将沥干的葫芦条放入日式高汤中煮沸。
3. 转小火,加入酒、味啉、酱油、细砂糖,盖上撕有小洞的铝箔纸,焖煮至干瓢入味即可。

113 锦绣花寿司

材料

A. 市售红色鱼籽适量、青海苔粉适量、海苔片1片、寿司饭适量
B. 鲜虾3尾、市售蒲烧鳗鱼1/4条、入味干瓢适量、烫熟芦笋2支、厚蛋烧1/8条、切丝香菇煮2朵

做法

1. 取寿司竹帘，铺上海苔片，再铺满适量寿司饭，将红色鱼籽、青海苔粉均匀撒在饭上，再覆盖一层保鲜膜。
2. 将做法1的材料翻面，使保鲜膜朝下、海苔片朝上（寿司竹帘在最底部），再依次摆上材料B的食材，卷起呈圆柱状寿司卷，食用时切段，并撕除保鲜膜即可。

注：寿司饭做法请见P62；入味干瓢、厚蛋烧、香菇煮做法请见P63。

114 蛋皮寿司

材料

A. 蛋皮2片、海苔片1片、寿司饭适量、蛋黄酱适量
B. 肉松30克、市售入味豆皮4片、市售腌渍黄萝卜20克、蟹肉条2小条、烫熟豆角8条

做法

取寿司竹帘放上蛋皮，均匀挤上少许蛋黄酱，再铺上海苔片，铺上适量寿司饭，挤上蛋黄酱，再依次摆上材料B，卷起呈圆柱状寿司卷，食用时切段即可。

注：寿司饭做法请见P62。

115 亲子虾寿司

材料

A. 海苔片1片、寿司饭适量、虾卵适量
B. 鲜虾3支、芦笋1支、虾卵适量、蛋黄酱适量

做法

1. 鲜虾去肠泥，用竹签串直，氽烫一下后熄火，放置约10分钟后，捞起泡冷水、剥壳，取出竹签；芦笋加少许盐，氽烫至软，取出泡冷水，备用。
2. 取寿司竹帘，铺上海苔片，再铺上适量寿司饭，将虾卵（材料A）均匀撒在饭上，再覆盖一层保鲜膜。
3. 将做法2材料翻面，使保鲜膜朝下、海苔片朝上（寿司竹帘在最底部），再依次摆上鲜虾、芦笋、虾卵（材料B）、蛋黄酱，卷起呈圆柱状寿司卷，食用时切段，并撕除保鲜膜即可。

注：寿司饭做法请见P62。

116 烧肉鲜蔬寿司

材料

A. 海苔片2片、寿司饭适量、熟白芝麻适量
B. 小豆苗适量、苜蓿芽适量、五花薄肉片150克

调味料

酱油1大匙、酒1大匙、细砂糖1/2大匙、甜面酱1/2大匙

做法

1. 五花薄肉片适量切段，将薄肉片炒至变白，再倒入混合好的调味料充分拌炒入味。
2. 取寿司竹帘，铺上海苔片，再铺上适量寿司饭，将白芝麻均匀撒在饭上，再覆盖一层保鲜膜。
3. 将做法2的材料翻面，使保鲜膜朝下、海苔片朝上，依次摆上苜蓿芽、小豆苗、烧肉片，卷起呈圆柱状寿司卷，食用时切段，并撕除保鲜膜即可。

注：寿司饭做法请见P62。

117 蒜香肉片寿司

材料

A. 海苔片4片、寿司饭适量
B. 五花薄肉片300克、姜末1小匙、蒜泥1小匙、苜蓿芽适量、小黄瓜适量、熟白芝麻适量

调味料

酱油3大匙、白醋1大匙、陈醋1大匙、细砂糖1小匙、香油1小匙

做法

1. 小黄瓜用盐搓揉后，洗除盐分，切丝，备用。
2. 五花薄肉片切段炒至变色，加入姜末、蒜泥炒香，倒入混合好的调味料拌炒至入味略收汁。
3. 取寿司竹帘，铺上海苔片，再铺上适量寿司饭，撒上白芝麻（前端预留2厘米），摆上苜蓿芽、小黄瓜丝、蒜味肉片，卷起呈圆柱状寿司卷，食用时切段即可。

注：寿司饭做法请见P62。

118 缤纷养生寿司

材料

A. 苹果（小）1个、蜜饯番茄80克、红薯120克、烫熟甜豆荚60克
B. 大米1杯、水1杯、炒南瓜子适量、熟白芝麻适量、海苔片4片

做法

1. 将所有材料A切粗丁，备用。
2. 大米洗净加入水与做法1的材料一起放入电饭锅，煮至电饭锅开关跳起，将饭翻松再盖上锅盖焖约10～15分钟，待冷却至约40℃，拌入南瓜子与白芝麻。
3. 取寿司竹帘，铺上海苔片，再铺满做法2的饭，覆盖一层保鲜膜，将海苔片翻面朝上，卷起呈圆柱状寿司卷，食用时切段，并撕除保鲜膜即可。

119 台风寿司卷

材料

鸡蛋1个、小黄瓜1/2条、酥油条碎30克、海苔片1片、寿司饭适量、蛋黄酱适量、肉松20克、红豆签丝15克

做法

1. 将鸡蛋打匀并煎成蛋皮后,切丝备用。
2. 小黄瓜用盐搓揉一下后洗净,再纵向对半切,去除籽后,切成细条状备用。
3. 海苔片上铺上寿司饭(前端需预留2厘米),再铺满酥油条碎及做法1、做法2的材料,挤入蛋黄酱并加上肉松及红豆签丝后卷起成圆形状寿司卷,食用时切段即可。

注:寿司饭做法请见P62。

120 韩风寿司卷

材料

胡萝卜30克、韭菜40克、韩式泡菜60克、生菜1大片、五花肉薄片50克、海苔片1片、寿司饭适量、熟白芝麻适量、海苔粉适量、油少许

调味料

香油少许、盐少许、鸡精粉少许、酱油少许

做法

1. 胡萝卜切细条,韭菜切段,分别氽烫后,以调味料分别调味;将韩式泡菜的水分沥干;生菜洗净沥干,备用。
2. 平底锅放入少许油后,放入五花肉薄片炒至肉变色,再加入韩式泡菜略拌炒。
3. 海苔片上铺满寿司饭,再将白芝麻、海苔粉均匀撒在饭上,覆盖上一层保鲜膜后,将海苔片翻面朝上,依次加入胡萝卜条、韭菜段、泡菜炒肉片即可。

注:寿司饭做法请见P62。

121 洋风花寿司卷

材料

奶油芝士50克、洋葱20克、紫色圆白菜50克、小黄瓜1/2条、海苔片1片、寿司饭适量、鱼籽适量、烟熏三文鱼片70克、西生菜2片

调味料

蛋黄酱20克、七味粉适量

做法

1. 奶油芝士切条;洋葱、紫色圆白菜切丝;小黄瓜用盐搓揉后洗净,再纵向对半切,去籽后再切细条;调味料拌匀,备用。
2. 海苔片上铺满寿司饭,均匀地撒上鱼籽,覆盖上保鲜膜,将海苔片翻面朝上,再放上烟熏三文鱼片、西生菜、鱼籽,加上做法1的材料与拌好的调味料后,卷起成圆柱状寿司卷,食用时切段即可。

注:寿司饭做法请见P62。

122 河粉卷

材料

粉条皮1片、海苔片1片、五花肉薄片60克、生菜叶4片、韩式泡菜60克、蛋黄酱适量、白芝麻适量、油少许

做法

1. 五花肉薄片撒上少许盐与黑胡椒粉（材料外），取平底锅，加入少许油烧热，放入五花肉薄片煎至变色，取出备用。
2. 取寿司竹帘，依次铺上粉条皮、海苔片、生菜叶，再放上韩式泡菜、蛋黄酱、炒好的五花肉薄片，撒上白芝麻，再卷起粉条皮呈长条状，切成适当大小，盛盘即可。

123 四季水果寿司

材料

A. 海苔片1片、寿司饭适量、炒南瓜子适量
B. 猕猴桃适量、杧果适量、莲雾适量、市售原味芝士抹酱适量、细砂糖适量

做法

1. 猕猴桃、杧果去皮，莲雾洗净，分别切薄片，撒上适量细砂糖，放置15分钟后沥干备用。
2. 取寿司竹帘，铺上海苔片，再铺上适量寿司饭，将南瓜子均匀撒在饭上，再覆盖一层保鲜膜。
3. 将做法2的材料翻面，使保鲜膜朝下、海苔片朝上（寿司竹帘在最底部），均匀涂抹芝士抹酱，再平铺上水果（不重叠），卷起呈圆柱状寿司卷，食用时切段，并撕除保鲜膜即可。

注：寿司饭做法请见P62。

124 稻荷寿司

材料

市售腌渍黄萝卜适量、香菇煮适量、小黄瓜适量、胡萝卜煮适量、熟白芝麻少许、寿司饭适量、市售入味豆皮4片、厚蛋烧1/8条

做法

1. 将厚蛋烧、香菇煮、小黄瓜和胡萝卜切成丁状。
2. 取适量的寿司饭与做法1中的材料、白芝麻混合搅拌，备用。
3. 将做法2中的材料放入豆皮中即可。

注：寿司饭做法请见P62；厚蛋烧、香菇煮、胡萝卜煮做法请见P63。

125 鲜蔬沙拉饭卷

材料

A. 洋葱丝适量、圆白菜丝适量、苜蓿芽适量、小豆苗适量、生菜丝适量
B. 罐头玉米粒适量、蛋黄酱适量、米饭适量、海苔片1片

做法

1. 将材料A洗净泡冰水，使其清脆爽口后，沥干，备用。
2. 取一大张海苔片，依次放上米饭、材料A、玉米粒，并挤上蛋黄酱，卷起整形成长圆柱状，并包紧底端即可。

126 肉松玉米饭卷

材料

A. 肉松适量、罐头玉米粒20克、小黄瓜1/2条、蛋黄酱适量、熟白芝麻适量
B. 米饭适量、海苔片1片

做法

1. 小黄瓜用盐搓揉后洗除盐渍，切条状薄片，备用。
2. 取一大张海苔片，均匀铺上米饭，依次放入适量蛋黄酱、玉米粒、肉松、小黄瓜薄片，再撒上白芝麻，卷起整成长圆柱状，并包紧底端即可。

127 海陆总汇饭卷

材料

A. 市售蒲烧鳗鱼1/4条、蟹肉棒1条、芦笋1~2根、肉松30克、蛋黄酱适量、市售什锦蔬菜适量
B. 米饭适量、海苔片1片

做法

1. 什锦蔬菜泡冰水，使其清脆爽口后沥干，备用。
2. 芦笋汆烫至六分熟，泡入冷水中，冷却后沥干，备用。
3. 取一大张海苔片，均匀铺上米饭、市售什锦蔬菜，再加上适量蛋黄酱、蒲烧鳗鱼、蟹肉棒、芦笋、肉松，卷起整成长圆柱状，并包紧底端即可。

128 照烧鸡排三明治

材料

去骨鸡腿排1块、照烧酱适量、色拉油适量、去边吐司1片、奶油适量、西生菜1片、番茄片2片、洋葱丝20克、黑胡椒适量

做法

1. 去骨鸡腿排洗净擦干，以刀尖将肉筋截断。
2. 平底锅倒入适量色拉油烧热，放入去骨鸡腿排，将其双面煎至约七分熟，表面呈金黄色，加入照烧酱以小火煮至略微收汁，呈浓稠状，即关火。
3. 将去边吐司烤至表面微焦黄，抹上奶油，再放上西生菜，依次加入番茄片、照烧鸡腿排、洋葱丝、撒上黑胡椒，再对折即可。

● 照烧酱 ●

材料：味啉80毫升、米酒100毫升、麦芽糖20克、酱油100毫升

做法：将所有材料拌匀，用小火煮开即可。

129 照烧猪肉潜艇堡

材料

猪肉薄片········100克
葱段·············5克
洋葱丝···········10克
番茄片···········2片
小黄瓜丝·········少许
潜艇堡面包········1个
色拉油············适量

调味料

照烧酱············1大匙
细砂糖···········1/2匙
水···············1大匙

做法

1. 锅烧热，倒入色拉油，放入洋葱丝炒香，加入葱段和所有调味料，再放入猪肉薄片拌匀至熟，即为照烧猪肉片。
2. 将潜艇堡面包从中间切开，放进烤箱内略烤至热，放上番茄片、照烧猪肉片、小黄瓜丝即可。

130 烧肉苹果三明治

材料

吐司2片、日式烧肉1份、去皮苹果片4片、苜蓿芽10克

调味料

蛋黄酱1大匙

做法

1. 苜蓿芽洗净，沥干水分备用。
2. 去皮苹果片以适量盐水浸洗一下，沥干备用。
3. 吐司单面抹上蛋黄酱，备用。
4. 取1片吐司为底，依次放入苜蓿芽、去皮苹果片和日式烧肉片，盖上另1片吐司，稍微压紧，切除吐司边，再对切成2份即可。

● 日式烧肉 ●

材料：A.猪梅花肉片120克、洋葱丝20克、白芝麻1/4小匙。 B.日式酱油1/2小匙、味啉1小匙、胡椒粉1/4小匙

做法：①猪梅花肉片洗净，沥干放入小碗中，加入材料B拌匀，腌约15分钟备用。②将做法①的材料以中火煎炒至约七分熟，加入洋葱丝拌炒至散发出香味，撒上白芝麻即可。

131 南蛮鸡堡

材料

汉堡包1个、去骨鸡腿肉30克、青葱丝适量、洋葱丝30克、红甜椒丝10克、黄甜椒丝10克、生菜叶1片、低筋面粉适量

酱汁

A. 水200毫升、白醋100毫升、味啉50毫升、细砂糖30克、酱油3毫升
B. 柴鱼素3毫升

做法

1. 去骨鸡腿肉洗净沥干，撒上少许盐、白胡椒粉（材料外），裹上薄薄的低筋面粉，放入170℃的油锅中炸熟后，捞起沥油备用。
2. 酱汁A混合煮匀后，加入柴鱼素即可熄火。
3. 青葱丝、洋葱丝、红甜椒丝、黄甜椒丝放入烤箱中，烤除水分后备用。
4. 将去骨鸡腿肉和青葱丝、洋葱丝、红甜椒丝、黄甜椒丝泡入做法2的材料中约60分钟。
5. 取汉堡包放入烤箱中略烤，抹上适量奶油（材料外），放入生菜叶和沥干的做法4的材料即可。

132 泰式鸡肉三明治

材料

法国面包1段、鸡胸肉100克、香菜段1/4小匙、豆芽菜10克、青木瓜少许、生菜2片、圣女果片10克、油少量

调味料

泰式酸辣酱适量

做法

1. 生菜剥下叶片洗净，泡入冷开水中至变脆，捞出沥干水分备用。
2. 青木瓜洗净去皮，挖除籽和内膜后切丝；豆芽菜洗净，去除头尾；香菜洗净切小段，备用。
3. 鸡胸肉洗净切丝，放入小碗中加入泰式酸辣酱拌匀并腌渍约5分钟，备用。
4. 热锅倒入少量油烧热，加入做法3的材料以中火炒至鸡肉丝变白，再加入青木瓜丝、圣女果片和豆芽菜拌炒至软化入味，盛出备用。
5. 法国面包从中间切开，依次夹入生菜和做法4的材料，最后撒上香菜段即可。

● 泰式酸辣酱 ●

材料：A.鱼露1/2小匙、蒜末1/4小匙、细砂糖1/2小匙、柠檬汁1/2小匙、辣椒末1/4小匙、水100克。 B.淀粉1小匙、水30克
做法：①将材料B放入小碗中调匀备用。②将所有材料A放入小碗中搅拌均匀，倒入锅中小火煮沸后熄火，淋入调匀的做法①的材料勾芡呈浓稠状即可。

133 泰式鸡柳
潜艇堡

材料
洋葱丝2克、小黄瓜丝2克、生菜丝少许、鸡胸肉丝50克、杂粮面包1条、奶油1/4小匙、色拉油适量

调味料
细砂糖1/4小匙、鱼露1/4小匙、泰式甜鸡酱1大匙

做法
1. 锅烧热，倒入色拉油，炒香洋葱丝后，加入所有调味料，再加入鸡胸肉丝拌匀至熟。
2. 将杂粮面包从中间切开，涂上奶油，放进烤箱内略烤至热。
3. 将生菜丝、鸡胸肉丝、小黄瓜丝，放至杂粮面包中间即可。

134 咖喱炒面面包

材料
船形面包1个、泡面1包、虾仁40克、洋葱丝10克、胡萝卜丁10克、生菜1棵、油少许

调味料
咖喱粉少许、蛋黄酱1小匙

做法
1. 泡面打开，放入沸水中烫软，捞出沥干水分备用。
2. 虾仁洗净备用。
3. 生菜剥下叶片洗净，泡入冷开水中至变脆，捞出沥干水分备用。
4. 热锅倒入少许油烧热，放入虾仁、洋葱丝、胡萝卜丁以中火略炒，再加入咖喱粉炒至颜色均匀，最后加入泡面及蛋黄酱炒匀，盛出备用。
5. 船形面包从中间切开，放入烤箱中，以150℃略烤至呈金黄色，取出后依次夹入生菜叶和做法4的材料，稍微压紧即可。

135 韩式泡菜堡

材料
牛肉片50克、洋葱丝5克、葱段2克、汉堡面包1个、韩式泡菜20克、生菜叶1片、色拉油适量

调味料
酱油5毫升、糖1/2小匙

做法
1. 锅烧热，放入色拉油，放入洋葱丝炒香后，加入葱段和牛肉片略炒，再加入所有调味料和韩式泡菜拌炒均匀。
2. 将汉堡面包放进烤箱略烤至热，取出后横剖开，于中间依次放上生菜叶、做法1的韩式泡菜牛肉即可。

136 姜汁烧肉米汉堡

材料
薄肉片100克、洋葱半个、生菜叶4片、姜泥适量、米堡4片、黑芝麻少许

酱汁
酱油20克、酒12毫升、味淋5毫升、细砂糖10克

调味料
七味粉适量

做法
1. 薄肉片洗净并沥干水分；生菜洗净；洋葱洗净后切丝；将酱汁的所有材料拌匀，备用。
2. 起一锅，待锅烧热后放入薄肉片炒熟，取出备用。
3. 锅中放入洋葱丝拌炒一下后，再放入薄肉片及酱汁拌炒入味，继续放入姜泥拌炒一下即完成馅料。
4. 取1片米堡，铺上生菜叶后，再放入适量做法3的馅料，再放1片生菜，最后撒上七味粉与黑芝麻，并盖上1片米堡即可。

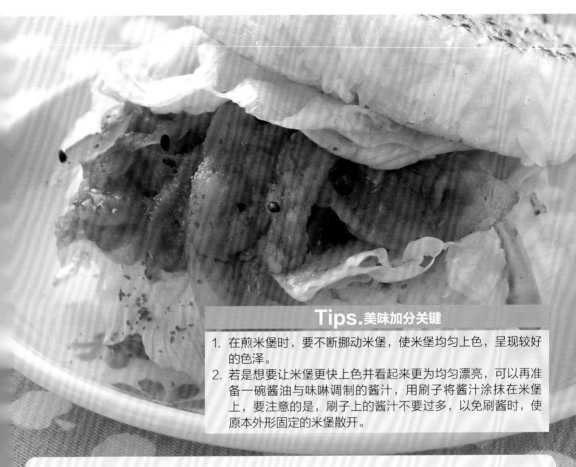

Tips.美味加分关键

1. 在煎米堡时，要不断挪动米堡，使米堡均匀上色，呈现较好的色泽。
2. 若是想要让米堡更快上色并看起来更为均匀漂亮，可以再准备一碗酱油与味淋调制的酱汁，用刷子将酱汁涂抹在米堡上，要注意的是，刷子上的酱汁不要过多，以免刷酱时，使原本外形固定的米堡散开。

● 米堡 ●

做法：①将热好的饭压碎至饭粒稍微黏稠，备用。②准备好一个圆形的模型，在模型的内壁抹油后，取约120克压好的米饭，放入模型中压至紧实，取出即成圆形。③起一锅，待锅烧热后，于锅中抹上一层薄薄的油，将做法②的材料放入锅中，以小火慢煎至上色并使形状固定即可。

137 炸里脊米汉堡

材料

里脊肉2片（每片约重40克）、生菜叶2片、圆白菜丝适量、猪排酱汁适量、米堡4片、低筋面粉适量、蛋液适量、面包粉适量、油适量

调味料

盐少许、胡椒粉少许

做法

1. 将生菜叶与圆白菜丝洗净，沥干水分后备用。
2. 里脊肉洗净并沥干水分，用刀背将肉拍平，撒上少许盐、胡椒粉，备用。
3. 将做法2的里脊肉排依次均匀沾裹上低筋面粉、蛋液、面包粉后，备用。
4. 起一锅，加入较多的油后，放入做法3的里脊肉排，将两面煎至酥脆状，盛起备用。
5. 取一片米堡，铺上洗好的生菜，放上圆白菜丝、做法4的肉排，挤入适量的猪排酱汁，最后再盖上1片米堡即可。

注：米堡做法请见P73。

138 和风蛋饼 大阪烧

材料

A. 低筋面粉15克、淀粉15克
B. 鸡蛋4个、水150毫升、蛋黄酱1大匙、食用油1大匙、柴鱼素2毫升
C. 七味粉少许、葱花少许
D. 鲜奶3大匙、蛋黄酱1大匙、黄芥末1/3小匙
E. 芝士片适量
F. 柴鱼片少许、青海苔粉少许

做法

1. 将材料A的粉类过筛备用。
2. 将材料B的所有材料混合拌匀，加入材料A的过筛粉料和材料C混合均匀，静置30分钟备用。
3. 取平底锅烧热，加入适量食用油，使其布满整个锅面润锅，倒入适量做法2的蛋浆，摇动锅面，放上芝士片，再整形成蛋饼状，起锅盛盘。
4. 淋上用材料D混合拌匀的酱料，最后撒上柴鱼片和青海苔粉即可。

139 和风凉面

材料

白细面100克、五花肉薄片100克、干海带芽适量、甜玉米粒适量、小黄瓜片适量、鱼籽少许、绿芥末少许

调味料

A. 柴鱼酱油露50毫升、冷开水120毫升
B. 山葵酱适量

做法

1. 将调味料A混合拌匀，再加入山葵酱拌匀，备用。
2. 五花肉薄片放入沸水中，汆烫至变色后捞起备用。
3. 干海带芽泡入水中还原，再捞起沥干。
4. 白细面煮熟后，捞起泡冷水降温冷却后捞起盛盘，放入五花肉薄片、海带芽、甜玉米粒、小黄瓜片、鱼籽和绿芥末，最后淋入做法1的酱汁即可。

140 三文鱼茶泡饭

材料

米饭70克、三文鱼肉50克、三文鱼籽适量、绿紫苏1片、香松适量、山葵酱适量、日本茶适量

调味料

盐少许

做法

1. 将三文鱼肉撒上少许盐后，用烤箱烤熟，然后剥成小块备用。
2. 绿紫苏洗净切丝备用。
3. 将米饭盛入碗中，先撒上三文鱼肉、绿紫苏丝、香松，再放上三文鱼籽、山葵酱，最后倒入滚烫的日本茶，拌匀后即可。

注：做法1中，三文鱼肉也可用平底锅煎熟。

141 日式生菜沙拉

材料

生菜50克、玉米1条、番茄块100克、小黄瓜片40克

调味料

酱油200毫升、味啉60毫升、柠檬汁20毫升、苹果醋30毫升、芥末籽2大匙、细砂糖2大匙

做法

1. 将所有的酱汁材料放入果汁机中，盖上杯盖，按瞬转键，以一按一放的方式约5秒钟即可取出。
2. 玉米整条放入锅中煮约10分钟后取出放凉，切小段，然后将玉米芯去掉。
3. 依次将生菜、玉米、番茄块和小黄瓜片放入容器中，淋上3大匙做法1的调味料即可。

瘦身饮食Q&A

随着生活日益匆忙，人们在外就餐的机会增加，易摄取高热量、不健康的食物；加上工作压力大，易暴饮暴食；而久坐办公室，运动量减少等种种因素，都使得肥胖人口逐年增加。男性多有啤酒肚的困扰，女性则普遍有小腹过大及下半身肥胖的现象。你想知道自己是否过胖，是否需要减重吗？请快往下读吧！

你真的胖吗?

所谓肥胖，一般是指身体脂肪组织超过正常比例时的状态。当体重超过标准体重的20%时，称之为肥胖；超过10%~20%时，则称之为过重。由于体重并不能完全代表人体脂肪的多少，为更精确地评估出肥胖的程度，以下教你以BMI（身体重量指数Body Mass Index）来计算标准体重，并且检测自己的WHR（腰臀围比值Waist To Hip Ratio）。

$$BMI = 体重（W）÷[身高（H）]^2$$

W: 体重（千克）　H: 身高（米）

BMI值	体重判别
24~26.9	正常体重
25~29.9	轻度肥胖
30~40	中度肥胖
40以上	严重肥胖

$$WHR = 腰围÷臀围$$

WHR＜0.8（理想的腰臀围）
WHR＞0.8（腹部脂肪量过高）

一般人每天需要的基础热量表

年龄	男	女
10岁	2200 千卡	2100 千卡
13岁	2700 千卡	2400 千卡
16-18岁	3100 千卡	2200 千卡
18-35岁	2800 千卡	2000 千卡
35-55岁	2500 千卡	1800 千卡
55-75岁	2100 千卡	1500 千卡

注：怀孕期女性需要在原基础上增加400千卡基础热量；哺乳期女性需在原基础上增加500千卡基础热量。

标准体重计算

【公式一】
男 =（身高 – 80）×0.7
女 =（身高 – 70）×0.6
※理想体重应介于标准体重±10%的范围，身高单位为厘米。

【公式二】
男 = 50 +【2.3 ×（身高 – 152）】÷2.54
女 = 45.5 +【2.3 ×（身高 – 152）】÷2.54
※身高单位为厘米

【公式三】
男 = 身高（M）×身高（M）×22
女 = 身高（M）×身高（M）×20
※身高单位为米

共375千卡

142 焗烤金枪鱼厚片

材料

洋葱............约25克
番茄............约25克
水煮金枪鱼罐头1大匙
低脂芝士............1片
厚片吐司............1片
芝士丝............1大匙

做法

1. 将洋葱洗净切成丁状；番茄洗净，横切成片状，备用。
2. 将水煮金枪鱼的水分沥干，加入洋葱丁一起拌匀。
3. 将低脂芝士、番茄片及拌匀的洋葱金枪鱼依次放在厚片吐司上，再撒上芝士丝，然后放入已预热5分钟的烤箱中，以上上下火170℃，烤30~40分钟，至芝士丝呈金黄色即可。

143 鸡蓉玉米粥

材料

胡萝卜	20克
芹菜	30克
生姜	5克
去皮鸡胸肉	45克
大米	30克
玉米粒	30克

调味料

高汤	1碗
清水	1碗
盐	少许

做法

1. 胡萝卜洗净，切小丁；芹菜去叶、去根后，洗净切丁；生姜洗净去皮，磨成姜末备用；将去皮鸡胸肉洗净，切成鸡肉末；将大米洗净后，以冷水浸泡约30分钟备用。
2. 在汤锅中加入高汤、清水、大米、胡萝卜丁、姜末，大火煮滚后，转为小火继续煮约20分钟后，再加入鸡肉末、玉米粒及少许盐继续烹煮约10分钟。
3. 起锅前，加入芹菜丁煮约1分钟即可关火。

共295千卡

78

144 鲜虾馄饨面

材料

葱······5克
生姜······5克
上海青······80克
胡萝卜······20克
虾仁······22.5克
猪肉泥······17.5克
馄饨皮······7张
干面条······20克

调味料

白胡椒粉······少许
玉米粉······1/3小匙
盐······少许
酱油······少许
香油······少许
市售高汤······2碗

做法

1. 将葱及生姜分别洗净切末；上海青洗净切段；胡萝卜洗净，去皮切丝备用。

2. 将虾仁、猪肉泥一起剁成泥状后，加入葱末、姜末、白胡椒粉、玉米粉、盐、酱油、香油，拌匀腌渍入味，即成馄饨馅料。

3. 将馄饨皮摊开，取适量馅料包入，即成一颗颗馄饨，重复此步骤至材料用毕。

4. 将干面条放入沸水中煮熟，捞起沥干水分，盛在碗中备用。

5. 将高汤倒入锅中煮至沸腾，再依次加入馄饨、上海青及胡萝卜丝煮熟；起锅前，将已煮好的面条放入锅中一同搅拌一下即可。

145 甜豆浆

材料
黄豆300克、水3000毫升、细砂糖适量

做法
1. 先挑出有瑕疵的黄豆，然后将剩余黄豆用水冲洗干净，再泡水约8小时备用（注意水量须盖过黄豆）。
2. 将泡好后的黄豆水倒掉，再次把黄豆冲洗干净，放入果汁机中，加入1500毫升的水，按下开关，搅打成浆。
3. 取一纱布袋，装入做法2的豆浆，借由纱布袋滤除豆渣，挤出无杂质的豆浆。
4. 取一深锅，装入剩余的1500毫升水煮沸，再倒入做法3的豆浆，用大火将豆浆煮至冒大泡后，转小火继续煮约10分钟，直到豆香味溢出后熄火。
5. 用滤网将煮好的豆浆过滤，去除残渣，即为原味豆浆。
6. 取杯，加入适量的细砂糖，再倒入原味豆浆搅拌均匀，即为甜豆浆。

146 黑豆浆

材料
黑豆 ……………600克
水 …………3000毫升
细砂糖 …………300克

做法
1. 黑豆洗净，加适量水（材料外）浸泡8~10小时，备用。
2. 捞起泡好的黑豆，放入果汁机中，加入1500毫升的水打成黑豆浆，再倒入纱布袋中滤除豆渣。
3. 取一锅，加入剩余1500毫升的水煮沸，再倒入黑豆浆，大火煮沸后转小火继续煮约10分钟，最后加入细砂糖拌煮约5分钟，至糖溶化即可。

147 咸豆浆

材料

无糖豆浆·····500毫升
萝卜干 ··········100克
虾皮·················30克
油条 ··············1/4条
葱花 ················10克

调味料

A 细砂糖·········少许
B 白醋············1小匙
  香油 ·········1/4小匙
  酱油 ·············少许
  盐 ·················少许

做法

1. 萝卜干洗净、沥干，入锅炒干水分，并加细砂糖炒匀，盛起备用。
2. 虾皮冲洗后沥干水分，入锅炒至香味溢出（注意一定要炒香，否则会有虾腥味），盛起备用。
3. 油条切小段备用。
4. 取一碗，装入萝卜干适量、虾皮适量、油条与葱花，再倒入热的无糖豆浆，最后加入所有调味料B拌匀即可。

148 花生米浆

材料

粳米200克、花生仁50克、水4000毫升、红糖200克

做法

1. 粳米洗净,泡水约3小时。
2. 沥干泡好的粳米,备用。
3. 取一炒锅,加热后放入花生仁,将花生仁不断拌炒,炒至呈咖啡色后盛出。
4. 将泡过的粳米、炒熟的花生仁,放入果汁机中,加入1500毫升的水,按下开关,搅打成浆(可分2次搅打)。
5. 取一锅,加入剩余2500毫升的水煮沸后,再倒入打好的花生米浆拌煮。
6. 将做法5的材料以中火边煮边用打蛋器搅拌,煮至沸腾后转小火,一边搅拌一边加入红糖,继续煮约5分钟至红糖溶化即可。

149 简易花生米浆

材料

大米40克、熟花生仁30克、水500毫升、细砂糖4大匙

做法

1. 大米洗净,用150毫升的水浸泡约4小时后,与熟花生仁一起放入果汁机中,盖上杯盖。
2. 按高速键打约2分钟成稀糊状后,倒出备用。
3. 将剩余的350毫升水大火煮沸后,转小火,并将米糊慢慢倒入锅中,快速拌匀至沸呈稠状,再加入细砂糖拌匀即可。

Tips. 美味加分关键

喜欢喝米浆的读者在家用果汁机就可以快速打出香味浓郁又好喝的米浆,制作的分量不用太多,现打现煮的米浆其香气口感,绝对是市售米浆无法相比的。

150 糙米浆

材料
糙米100克、熟花生仁20克、水1800毫升、红糖100克

做法
1. 糙米洗净，泡水约6小时备用。
2. 将糙米沥干放入果汁机中，加入熟花生仁及800毫升水，搅打成浆。
3. 取一锅，加入剩余1000毫升的水煮沸后，再倒入打好的糙米浆拌煮。
4. 将糙米浆以中火煮沸后，转小火继续煮约10分钟，一边搅拌一边加入红糖，拌煮至糖溶化即可。

151 杏仁茶

材料
杏仁粉20克、水500毫升、牛奶50毫升、细砂糖60克、水淀粉2大匙

做法
1. 取一汤锅，加入水和杏仁粉，以中火一边煮一边搅拌至沸腾。
2. 在沸腾的做法1的材料中加入细砂糖后转小火，接着以水淀粉勾薄芡，再加入牛奶拌匀即完成。

Tips.美味加分关键

若是买杏仁回家自己打粉，则需注意购买的杏仁种类，用来制作杏仁茶的杏仁需是中药行卖的有香味的杏仁，而不是一般的杏仁果，一般的杏仁果是没有香味的。

152 精力汤

材料

苜蓿芽	100克	圆白菜	100克
石莲花	100克	胡萝卜	100克
苹果	100克	什锦谷类粉	1大匙
菠萝	100克	冷开水	100毫升

做法
将以上所有材料放入果汁机中搅打均匀，呈汁即可。

153 热奶茶

材料
水500毫升、红茶茶包2个（约4克）、粉状奶精30克、红糖20克

做法
1. 取锅，将水煮至沸腾后，立即倒入杯中。
2. 将茶包从杯缘缓缓放入杯中。
3. 将杯盖盖上，焖约5分钟后取出茶包。
4. 再加入粉状奶精和红糖调味即可。

154 冰奶茶

材料
水500毫升、红茶茶包2个（约4克）、液态奶精30毫升、冰糖20克

做法
1. 取锅，将水煮至沸腾后，立即倒入准备好的杯中，然后将茶包缓缓从杯缘放入杯中。
2. 将杯盖盖上，焖5分钟后取出茶包，再加入液态奶精和冰糖调味即可。
3. 放置于室温，待其自然冷却即可放入冰箱。

155 鸳鸯奶茶

材料
水350毫升、红茶茶包1个、牛奶150毫升、三合一速溶咖啡粉15克、细砂糖10克

做法
1. 取锅，将水煮至沸腾后，立即将250毫升热水倒入准备好的杯中，将茶包缓缓从杯缘放入杯中后，盖上杯盖，焖约5分钟后取出茶包。
2. 将速溶咖啡粉倒入另一杯中，加入100毫升热水拌溶后，再倒入茶水、牛奶及细砂糖调匀即可。

156 泡沫柠檬红茶

材料

红茶350毫升、柠檬汁60毫升、蜂蜜60毫升、柠檬圆片1片、冰块适量

做法

1. 取一成品杯装入适量冰块备用。
2. 取一雪克杯，加入冰块至满杯，然后加入柠檬汁、蜂蜜，再倒入红茶至九分满。
3. 盖上雪克杯盖子摇匀，将杯中饮料倒入成品杯中，再加入柠檬圆片装饰即可。

157 红茶拿铁

材料

红茶包3包、沸水200毫升、鲜奶200毫升、果糖浆45毫升、冰块适量

做法

1. 取一雪克杯，加入沸水200毫升，放入3包红茶包后，盖上盖子泡约5分钟。
2. 取出茶包，加入冰块至约八分满，倒入果糖浆，盖上盖子摇匀。
3. 打开雪克杯滤出红茶倒入成品杯中，按个人喜好加入冰块，再缓缓倒入鲜奶即可。

158 奶霜绿茶

材料

香草冰淇淋3大球、液体鲜奶油300毫升、绿茶350毫升、果糖浆45毫升、奶霜适量、冰块适量

做法

1. 先将香草冰淇淋、液体鲜奶油倒入钢盆中，用打蛋器打至湿性发泡，备用。
2. 取一成品杯，装入适量冰块备用。
3. 取一雪克杯，加入冰块至满杯，再加入果糖浆，倒入绿茶至九分满。
4. 盖上雪克杯盖子摇匀，将杯中饮料倒入成品杯中约七分满，最后加上奶霜即可。

159 意大利浓缩咖啡

材料
意式咖啡豆适量

器具
半自动意式咖啡机1台、
磨豆机1台

做法

1. 将意式咖啡豆磨成极细粉，填入滤器中。
2. 轻轻刮平滤器上的咖啡粉。
3. 用填压器将滤器内的咖啡粉压紧。
4. 轻敲滤器侧面，让边缘的咖啡粉掉落。
5. 将滤器锁进冲煮头。
6. 按下需要萃取的毫升数，一般选择25~30毫升，浓度较高。
7. 静待萃取完成即可。

备注：
①依机型不同，咖啡豆的用量多寡也不同。
②萃取时，选取的毫升数越高，浓度越低。

160 美式咖啡

材料
意式浓缩咖啡 … 30毫升
热开水 ………… 270毫升

做法

先将意式浓缩咖啡倒入马克杯中，再把热开水倒入杯中调匀即可。

Tips.美味加分关键

美式咖啡通常是指滤泡式咖啡，是美国家庭必备的饮品，特色是煮出来的咖啡通常比较淡，使用的杯子多是马克杯。现在大多数的商家也会把意式浓缩咖啡稀释，就成了美式咖啡。

161 拿铁咖啡

材料
意式浓缩咖啡30毫升、
全脂鲜奶190毫升

器具
半自动意式咖啡机1台、
不锈钢拉花杯1个、温度
计1支

做法
1. 用半自动意式咖啡机萃取出30毫升的意式浓缩咖啡，倒入容量约220毫升的咖啡杯中，备用。
2. 将全脂鲜奶倒入不锈钢拉花杯中，插入蒸气管，打开蒸气加热至60~65℃，关闭蒸气，将不锈钢拉花杯在桌面轻敲几下，刮除拉花杯上方粗糙的奶泡。
3. 缓缓将完成的奶泡沿着咖啡杯边缘按顺时针方向倒入咖啡杯中，待杯子即将倒满时停下。接着一边左右摇摆拉花杯，一边向前移。
4. 最后从拉出来的叶片中间拉回杯缘处即可。

162 卡布奇诺

材料
意式浓缩咖啡30毫升、
全脂鲜奶150毫升

器具
半自动意式咖啡机1台、
不锈钢拉花杯1个、温度
计1支

做法
1. 用半自动意式咖啡机萃取出30毫升的意式浓缩咖啡，倒入容量约180毫升的咖啡杯中，备用。
2. 将全脂鲜奶倒入不锈钢拉花杯中，插入半自动意式咖啡机的蒸气管，打开蒸气加热至60~65℃后关闭蒸气。
3. 用汤匙将完成的奶泡表面较粗糙的奶泡刮除，留下方细致的奶泡备用。
4. 缓缓将完成的奶泡沿着咖啡杯边缘按顺时针方向倒入咖啡杯中，待杯子即将倒满时停下，再将奶泡缓缓倒入杯子正中心，得到一层层圆形后，往回一拉变成心形即可。

163 焦糖玛奇朵

材料

意式浓缩咖啡 … 30毫升
全脂鲜奶………… 80毫升
焦糖糖浆………… 15毫升

器具

手拉式奶泡钢杯……1组
温度计 ………………1支

做法

1. 将意式浓缩咖啡倒入容量约180毫升的咖啡杯中，加入焦糖糖浆调匀，备用。
2. 将全脂鲜奶倒入手拉式奶泡钢杯中，插入温度计，隔水加热至约60℃后熄火，盖上盖子及滤网，上下快速抽动滤网，把空气打入鲜奶中，上下抽动约25下后，打开盖子和滤网，静置约30秒。
3. 用汤匙将完成的奶泡表面较粗糙的奶泡刮除，留下方细致的奶泡备用。
4. 将上层的奶泡挖入咖啡杯，装至半杯后，再缓缓将鲜奶倒入奶泡下方到满杯。
5. 在咖啡表面的奶泡上挤上少许焦糖糖浆（材料外），随意画出线条装饰即可。

注：意式浓缩咖啡做法请参考P86。

164 可可奶油酱

材料

奶油200克、巧克力酱适量

做法

将奶油放在室温下软化后，与巧克力酱混合搅拌均匀即可。

166 椰香奶油酱

材料

奶油100克、椰乳粉20克、糖粉20克、椰子粉1大匙

做法

将奶油放在室温下软化后，与其余材料一起混合搅拌均匀即可。

165 杏仁奶油酱

材料

奶油200克、杏仁露1大匙、杏仁角30克、果糖50克

做法

将奶油放在室温下软化后，与其余材料一起混合搅拌均匀即可。

167 抹茶面包酱

材料

奶油100克、抹茶粉2大匙、糖粉20克

做法

将奶油放在室温下软化后，与其余材料一起混合搅拌均匀至抹茶粉完全溶化即可。

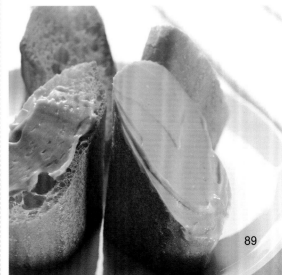

169 柠檬芝士酱

材料

柠檬1片、酸奶50克、糖粉60克、原味乳酪200克

做法

将柠檬挤成柠檬汁，然后把柠檬汁与其余材料一起混合搅拌均匀即可。

168 香蕉芝士酱

材料

柠檬1/2个、香蕉1个、原味奶油芝士125克、酸奶1大匙

做法

将柠檬挤汁备用，香蕉切成细丁备用。先把柠檬汁与香蕉丁拌匀，以防香蕉褐化变黑，再跟其余材料一起混合搅拌均匀即可。

171 橘子芝士酱

材料

新鲜橘子1个、柳橙浓缩原汁2大匙、原味奶油芝士100克

做法

将新鲜橘子剥皮后洗净，切成碎末，与其余材料一起混合搅拌均匀即可。

170 菠萝酸奶酱

材料

菠萝片2片、酸奶100克、糖粉30克、原味奶油芝士100克

做法

将菠萝片切成小丁，与其余材料一起混合搅拌均匀即可。

172 蓝莓蛋黄酱

材料

蛋黄酱150克、蓝莓酱150克

做法

将所有材料一起混合搅拌均匀即可。

173 菠萝蜂蜜蛋黄酱

材料

蛋黄酱200克、菠萝汁20毫升、蜂蜜1/2大匙、红石榴的籽100克

做法

将所有材料一起混合搅拌均匀即可。

174 柳橙蛋黄酱

材料

蛋黄酱150克、浓缩柳橙汁50毫升

做法

将所有材料一起混合搅拌均匀即可。

175 香蕉泥蛋黄酱

材料

香蕉1根、柠檬汁少许、蛋黄酱100克

做法

1. 将香蕉去皮后压成泥状，挤入少许柠檬汁拌匀，以防香蕉褐化变黑。
2. 再把香蕉泥与蛋黄酱一起混合搅拌均匀即可。

便利午餐篇

便利营养的午餐，让下午精神更好！
许多人因为工作，午餐老是在外食用，
虽然方便，但也容易营养失调、增加开销。
本篇有138种超便利的午餐，
你只需要花少量时间就能准备好午餐，
简简单单就能吃到一顿营养方便的午餐！

自制餐菜美味秘诀

*食材切薄好入味

由于快炒烹调时间短，先将蔬菜或肉类等食材切薄片或切丝，更便于让食材受热速度均匀一致。同时，把调味的辛香料，如蒜、姜、红辣椒等也切成末或片，也是帮助食材充分吸收调味汁的好方式。

*食材汆烫有技巧

汆烫可去除海鲜或肉类多余的脂肪和血水，汆烫时，通常可在锅中放入葱段、姜片或米酒，去腥效果会更好，但注意汆烫的时间勿过久，比如海鲜汆烫只需烫至半熟，因为之后还有快炒的加热方式，这样才不会让海鲜过老，丧失了鲜甜的风味。

*热炒肉类要事先处理

热炒的肉类，为了让起锅后的口感更美味，可以先用淀粉或是蛋清腌制后，先过油再炒，这样肉类炒后吃起来，才会呈现滑嫩的口感。如果是不易熟的食材，可以先汆烫。蔬菜在大火快炒前加点水，就可以避免焦锅的状况。

*蔬菜不变色秘诀

部分蔬菜很容易煮后变黄，如芦笋、西蓝花等，可以先汆烫，再立即捞起放入冰水中定色，定色后蔬菜再以大火快炒就不容易变黄。

＊炒牛肉各式手法

要炒的牛肉多为丁、丝、片、条状等。炒时需先起油锅,动作要快,一断生就要马上起锅,以炒法料理的食材多有脆、滑、嫩等特点。依食材、配料的不同又有生炒、熟炒、软炒、干炒等变化。生炒又称煸炒,是指将生的食材以大火炒到六七分熟再放进调味料拌炒;熟炒是指炒半熟的食材;软炒是指食材裹上蛋液或淀粉后再炒,口感会更嫩更软;干炒是指食材不用挂糊,而是以调味料浸渍,加入配料炒到焦,再加卤汁即可。

＊海鲜快炒有技巧

海鲜不能煮太久,以免肉质变得又老又干,所以大火快炒时首先油量要足,其次得先将葱、姜、蒜等辛香料下锅爆香,产生香气后,再放入主食材,此时锅已有一定的热度,主食材最好经过余烫或过油的前处理,迅速翻炒数下,再加入调味料,拌炒均匀入味,即可起锅。

＊快炒嫩豆腐秘诀

嫩豆腐先泡盐水可增加弹性、提味。切块后用热开水浸泡约10分钟,可以让原本冰冷的豆腐内部也变温热,节省之后翻炒的时间,同时泡热开水能去除豆腐的豆涩味,吃起来口感更加滑嫩。

＊炒蛋火候控制技巧

蛋非常容易熟,料理蛋时一定要掌控好火候,炒蛋动作要利落。炒蛋或做滑蛋时,最好使用有柄的锅,以便于离火控温。烹调时先用中火热锅,锅热后熄火,将蛋倒入再开火,如此蛋才不易烧焦。烹调时应注意锅温,温度太高会使蛋焦黑,温度太低则会令蛋变得老硬。

176 怀旧风卤排骨

材料

里脊肉大排骨5小块、青葱1根、蒜头3个、姜1块、水1200毫升、卤包1包、油4大匙

腌料

酱油2大匙、米酒3大匙、淀粉2大匙

调味料

酱油1杯、冰糖1大匙、米酒1/2杯

做法

1. 将排骨洗净并沥干水分，放入容器中加入所有腌料搅拌均匀，腌渍10分钟。
2. 青葱洗净切段；姜洗净切片，备用。
3. 起一锅，倒入适量的油，将油锅烧热至160℃，再放入排骨，将排骨炸上色后捞起，备用。
4. 另起一锅，于锅中放入3大匙油烧热，将蒜头、葱段、姜片放入锅中爆香。
5. 再把所有调味料倒入做法4的材料中搅拌均匀，拌煮一下。
6. 将水加入做法5的材料中一起搅拌均匀，煮沸。
7. 待做法6的材料煮沸后，放入炸上色的排骨，以小火卤约20分钟即可捞出装盘。

177 香煎排骨

材料

里脊肉大排骨… 2小块
洋葱末 ………… 10克
奶油 ……………… 20克
米酒 …………… 1大匙

腌料

盐 …………………少许
胡椒粉 …………少许

做法

1. 将排骨洗干净后擦干水，放入盘中，备用。
2. 将排骨两面均匀地抹上盐及胡椒粉，腌约10分钟。
3. 起一热锅，于锅中放入奶油，待奶油融化后，放入洋葱末炒香。
4. 再把排骨放入做法3的材料中，煎约3分钟至上色。
5. 将米酒倒入做法4的材料后，再翻面稍煎一下即可。

178 烤排骨

材料
里脊肉大排骨 …… 2片
油 ………………… 2大匙

腌料
酱油 ……………… 1大匙
酱油膏 ………… 2大匙
细砂糖 ………… 1大匙
葱花 ……………… 少许
蒜泥 ……………… 少许
姜末 ……………… 少许
米酒 ……………… 2大匙

做法
1. 排骨洗净擦干水，装入袋中拍打数下后取出，备用。
2. 将所有腌料放入容器中，一起搅拌均匀，放入排骨拌匀后腌浸20分钟，备用。
3. 起一锅放入2大匙油烧热，将排骨煎一下捞出。
4. 将排骨均匀地刷上腌料酱汁后，再放入已预热至200℃的烤箱里烤5分钟即可。

179 酥炸红糟肉

材料
五花肉600克、姜末5克、蒜泥5克、红糟酱100克、蛋黄1个、红薯粉适量、小黄瓜片适量

调味料
酱油1小匙、盐少许、米酒1小匙、细砂糖1小匙、胡椒粉少许、五香粉少许

做法
1. 五花肉洗净、沥干，与姜末、蒜泥、调味料拌匀，再在五花肉表面均匀抹上红糟酱，即为红糟肉。
2. 将红糟肉封上保鲜膜，放入冰箱中，冷藏约24小时，待入味备用。
3. 取出红糟肉，撕去保鲜膜，用手将肉表面多余的红糟酱刮除，再与蛋黄拌匀，接着均匀沾裹上红薯粉，静置约5分钟，待吸收汁液备用。
4. 热油锅，待油温烧热至约150℃时，放入红糟肉，用小火慢慢炸，炸至快熟时，转大火略炸逼出油分，再捞起沥干油。
5. 待凉，将红糟肉切片，搭配小黄瓜片食用即可。

180 葱烧排骨

材料

酥炸排骨·············6片
葱段···············200克
姜片················4片
蒜头················4个
红葱头片·········150克
油·················适量

卤汁

酱油···············1/2杯
细砂糖············2大匙
盐·················1小匙
胡椒粉············1小匙
香菇粉············2小匙
米酒···············1/2杯
老抽···············少许
水············2000毫升

做法

1. 热一锅放入适量的油，将葱段炸至红褐色且脱水后捞出；红葱头片炸至金黄色后捞出，备用。
2. 将做法1的所有材料、姜片、蒜头与所有卤汁材料煮至沸腾后，转小火略煮，即为卤汁。
3. 再将炸好的酥炸排骨放入卤汁内以小火炖至表皮软化入味即可。

● 酥炸排骨 ●

材料：大排骨6片
面衣：水3/4杯、花生油1/2杯、鸡蛋1个、面粉1.5杯、红薯粉1/2杯、米粉1/2杯
腌料：酱油膏1大匙、胡椒盐1小匙、蒜泥1大匙、香油1大匙、鸡精2小匙

做法：①大排骨以肉锤拍打至组织松软后，加入腌料拌匀放入冰箱冷藏，腌约3小时备用。②将面衣材料混合拌打均匀备用。③将大排骨均匀沾裹面衣后，放入油锅以150℃的油温炸至熟透即可。

181 糖醋排骨

材料

排骨 ·············· 80克
青椒片 ············· 5克
菠萝片 ··········· 10克
洋葱片 ············· 2克
油 ················· 3大匙

调味料

番茄酱 ·········· 1大匙
白醋 ·········· 1/2大匙
细砂糖 ········ 1/2大匙
水 ·············· 2大匙

腌料

盐 ··············· 1/4小匙
鸡蛋 ············· 1/2个
香油 ·············· 1小匙

淀粉 ·············· 1小匙
白胡椒粉 ······· 1/4小匙

做法

1. 排骨加入所有腌料拌匀，腌约15分钟后取出备用。
2. 热油锅，倒入约3大匙油加热油温至150℃后，放入已腌好的排骨以中火炸至约八分熟，取出沥油备用。
3. 锅中留少许油，放入洋葱片炒香，加入所有调味料以中火炒匀，加入排骨、青椒片及菠萝片以大火炒匀即可。

182 椒盐排骨

材料

小排骨 ········· 300克
红薯粉 ··········· 2大匙

调味料

盐 ·················· 1小匙
黑胡椒粒 ········· 1小匙
胡椒粉 ··········· 1小匙

腌料

姜末 ············· 1小匙
蒜泥 ············· 1小匙

酱油 ·············· 1小匙
米酒 ·············· 1小匙

做法

1. 小排骨洗净切小块，加入所有腌料拌匀静置30分钟至入味后，再将排骨逐一放在红薯粉上均匀沾裹备用。
2. 将半锅油（材料外）烧热至油温约170℃时，放入排骨，用小火炸3～4分钟，再改用大火炸约1分钟后捞起沥油。
3. 另起一锅，热锅后放入所有调味料，用中火略炒数下，再加入排骨拌炒均匀入味即可。

183 五香五花肉

材料

五花肉片………200克
葱…………………3根
姜…………………8克
八角………………2个
油…………………少许

调味料

五香粉……………1小匙
酱油………………1大匙
酱油膏……………1小匙
冰糖………………1小匙
米酒………………2大匙
水………………400毫升

做法

1. 葱洗净切段；姜洗净去皮切片，备用。
2. 热锅倒入少许油烧热，放入洗净沥干的五花肉片，以中小火煎至约八分熟，盛出五花肉片，备用。
3. 余油继续加热，放入葱段、姜片以小火爆香，放入煎好的五花肉片及所有调味料，拌匀后以大火煮滚，转小火加盖熬煮约45分钟至熟软入味即可。

184 茄汁咕噜肉

材料

猪肋排	200克
番茄	1个
红甜椒	1/3个
青椒	1/3个
洋葱	1/2个
蒜头	2个
姜	5克
葱	1根
红薯粉	50克
色拉油	1大匙

调味料

水	200毫升
细砂糖	1大匙
盐	少许
香油	1小匙
番茄酱	2大匙
白胡椒粉	少许

做法

1. 将猪肋排洗净，切成约3厘米长，再用红薯粉将切好的肋排裹匀，放入约180℃的油锅中炸成金黄色，备用。
2. 番茄洗净，切滚刀；洋葱、青椒洗净，切成块状；葱洗净，切段；蒜头、姜洗净，切片，备用。
3. 热锅，加入1大匙色拉油，放入做法2的所有材料以中火爆香。
4. 再加入炸好的猪肋排、所有调味料，以小火烩煮至收汁即可。

185 蒜泥白肉

材料

五花肉350克

酱汁

姜2克、蒜头2个、红辣椒1条、香菜3支、鸡精1小匙、米酒1小匙、酱油膏2大匙

做法

1. 五花肉先洗净，放入冷水中以中火煮至熟，静置待稍凉，备用。
2. 将酱汁材料的蒜头、姜、红辣椒、香菜、都切成碎状，放入容器中，加入其余的调味料搅拌均匀，备用。
3. 将做法1的五花肉切成薄片，排入盘中。
4. 食用时淋上酱汁即可。

Tips.美味加分关键

肉烫熟后要稍静置一下，待温度稍微下降一些，再切片会比较容易，因为刚烫好的肉水气太多，太软，切出来的肉片品相不佳。

186 日式炸猪排

材料

A. 猪小里脊 ········120克
　 低筋面粉 ········适量
　 蛋液 ············适量
　 面包粉 ··········适量
B. 圆白菜丝 ········适量

调味料

盐 ················少许
胡椒粉 ············少许

做法

1. 猪小里脊切成大小均等的三片，每片双面撒上少许盐、胡椒粉，放置约10分钟。
2. 再依次沾裹上低筋面粉、蛋液、面包粉，放入170℃的油锅中，用中小火炸至金黄酥脆后，捞起沥油。
3. 将炸猪排盛盘，搭配圆白菜丝食用即可（可依喜好另搭配猪排酱醮食）。

187 炸五香肉卷

材料

猪后腿瘦肉600克、荸荠300克、洋葱2个、蛋清1个、猪背油200克、腐皮适量、面粉适量

调味料

A. 五香粉1/4小匙、米酒1大匙、胡椒粉1小匙、香油1大匙、酱油膏1大匙、蒜泥2大匙
B. 胡椒粉2小匙、盐1小匙、红薯粉适量

做法

1. 猪后腿瘦肉洗净切条状，加入调味料A抓拌均匀后，放入冰箱冷藏约3小时，备用。
2. 荸荠去皮洗净切小丁，洋葱去皮洗净切丝，猪背油洗净切丝，将三者混合均匀加入蛋清、胡椒粉（材料B）和盐抓拌均匀，加入适量的红薯粉抓拌至呈黏稠状，即为馅料，备用。
3. 取1张腐皮裁成半圆状，取半张摆上猪后腿瘦肉条和馅料，由内而外卷成长筒状，于腐皮的边缘封口处抹上面粉糊（将面粉和水以1：2调匀），粘住封口，重复此步骤至所有材料包完。
4. 热油锅至油温约170℃，放入做法3的肉卷，以中小火炸约100秒，再转至大火炸约5秒逼出油脂，捞出沥干油即可。

188 酥炸鸡腿

材料

带骨鸡腿1只

腌料

酱油1大匙、细砂糖1/4小匙、米酒1大匙

炸粉

红薯粉2大匙、面粉1/2大匙、淀粉1/2小匙

做法

1. 鸡腿洗净加入所有腌料，拌匀腌渍约10分钟后取出，均匀沾裹上混合均匀的炸粉，备用。
2. 热油锅，加热至180℃后，放入鸡腿，转小火慢慢炸约10分钟，至金黄酥脆熟透后，取出沥干油即可。

189 香酥排骨

材料

排骨约180克

炸粉

红薯粉2大匙、面粉1/2大匙、淀粉1/2小匙

腌料

酱油1大匙、细砂糖1/4小匙、米酒1大匙

做法

1. 排骨加入所有腌料，拌匀腌渍约10分钟后取出，均匀沾裹上混合均匀的炸粉，备用。
2. 热油锅，加热至180℃后，放入排骨，转小火慢慢炸约8分钟，至金黄酥脆熟透后，取出沥干油即可。

190 香酥炸鸡块

材料

鸡胸肉300克、新鲜罗勒3根

调味料

盐少许、黑胡椒粒少许

腌料

细砂糖1小匙、蒜头3个、红辣椒1/2条、酱油1大匙

炸粉

鸡蛋1个、红薯粉30克

做法

1. 将鸡胸肉洗净切成小块，再将切好的鸡胸肉放入容器中，加入腌料一起腌渍15分钟，备用。
2. 鸡蛋打散，将腌好的鸡胸肉块放入，先沾上蛋液，再沾上红薯粉备用。
3. 将做法2的鸡胸肉块放入油温约190℃的油锅中，炸成金黄色。
4. 将罗勒洗净，炸成翠绿色装饰，鸡块撒上调味料即可。

191 塔香三杯鸡

材料

棒棒腿	3只
蒜头	6个
老姜	10克
红辣椒	1/3条
新鲜罗勒	3根
香油	适量

调味料

盐	1小匙
细砂糖	1大匙
水	300毫升
米酒	2大匙
酱油膏	2大匙

做法

1. 棒棒腿洗净，切成大块状，将切好的棒棒腿块放入沸水中汆烫过水，备用。
2. 蒜头、老姜、红辣椒切片，备用。
3. 热锅，倒入香油以小火加热，加入做法2的材料爆香。
4. 加入汆烫好的棒棒腿块翻炒均匀，再加入所有的调味料，以中小火煮至收汁，最后加入新鲜罗勒拌匀即可。

Tips.美味加分关键

罗勒可选枝叶较嫩的部位，或是直接摘除粗梗与老叶，以免影响口感。蒜头与姜片要煎得焦香，风味才会浓郁。

192 醉鸡

材料

去骨鸡腿	1只
（约300克）	
枸杞子	10克
当归	2克

调味料

鸡精	1/2小匙
绍兴酒	100毫升
鸡高汤	300毫升

腌料

盐	1/2小匙

做法

1. 去骨鸡腿洗净，断筋后以盐抹匀，用保鲜膜卷紧成卷状，以牙签在表面插上少许小洞，备用。
2. 枸杞子、当归加入所有调味料煮沸后，置冷备用。
3. 另煮一锅水，待沸腾后，放入鸡腿卷，再度煮沸后转小火，继续煮约10分钟熄火。
4. 盖上锅盖焖约20分钟，取出鸡腿卷置凉，去除保鲜膜后，放入做法2的调味料中浸泡约2天，再将鸡腿卷切薄片即可。

193 三杯鱿鱼

材料
鱿鱼 ·················· 1尾
老姜 ··············· 10克
蒜头 ················· 6个
红辣椒 ·········· 1/3根
新鲜罗勒 ··········· 3根

调味料
细砂糖 ··········· 1大匙
盐 ··················· 少许
香油 ··············· 1大匙
米酒 ············· 2大匙
酱油膏 ··········· 2大匙
白胡椒粉 ··········· 少许

做法
1. 将鱿鱼头拔除，再将鱿鱼的肚内清洗干净，切小圈状后，放入沸水中氽烫过水，备用。
2. 老姜洗净切片；红辣椒洗净切段，备用。
3. 热锅，加入香油以中火爆香做法2的材料、蒜头及所有调味料（除香油外）。
4. 以中小火将做法3的酱汁煮至略收干，再加入氽烫好的鱿鱼与罗勒翻炒均匀即可。

194 蜜汁鱿鱼

材料
鱿鱼 ·················· 1尾
（约350克）
蒜泥 ··············· 1小匙
红辣椒 ·········· 1/2根
香菜 ··············· 30克
面粉 ··············· 1大匙
油 ··················· 适量

调味料
细砂糖 ··········· 2大匙
盐 ················· 1/4小匙
米酒 ············· 2小匙
水 ··············· 60毫升

做法
1. 鱿鱼洗净去内脏后，切成片状；红辣椒切斜片，备用。
2. 在鱿鱼片上切花刀后，均匀沾裹上面粉，备用。
3. 热锅倒入适量的油，待油温烧热至170℃时，放入鱿鱼片炸至卷曲且金黄，捞出备用。
4. 锅中留少许油，放入蒜泥及红辣椒片爆香后，加入所有调味料煮至汤汁沸腾。
5. 再加入鱿鱼片拌炒均匀，最后加入香菜即可。

195 干煎鱼排

材料
鲷鱼片…………1片
（约80克）
色拉油…………适量

腌料
盐……………1/4小匙
细砂糖………1/4小匙
米酒…………1大匙

裹粉
面粉…………1/2大匙
淀粉…………1/2小匙

做法
1. 鲷鱼片加入所有腌料，拌匀腌渍约3分钟后取出，均匀沾裹上混合均匀的面粉与淀粉，备用。
2. 热锅，加入适量色拉油，放入鲷鱼片，转小火慢慢煎约5分钟，至金黄熟透后取出即可。

196 香酥鳕鱼

材料
鳕鱼………………1片

炸粉
红薯粉…………20克
鸡蛋……………1个

调味料
白胡椒粉………1小匙
盐………………少许
百里香…………1小匙
黑胡椒粉………少许

做法
1. 将鳕鱼洗净，用餐巾纸吸干水分备用。
2. 将鳕鱼沾上蛋液，再沾上红薯粉，放入约200℃的油锅中炸成金黄色，备用。
3. 在炸好的鳕鱼上撒上所有调味料后盛盘即可。

197 酥炸多春鱼

材料

多春鱼 ············· 500克
葱段 ··············· 10克
姜片 ··············· 10克
面粉 ··············· 适量
蛋液 ··············· 适量
面包粉 ············· 适量

调味料

酱油 ··············· 少许
盐 ················· 1/2小匙
细砂糖 ············· 1/4小匙
米酒 ··············· 1大匙
胡椒粉 ············· 少许

做法

1. 多春鱼与葱段、姜片及所有调味料搅拌均匀，腌渍15分钟。
2. 将腌好的多春鱼分别依次沾上面粉、蛋液与面包粉。
3. 取锅烧热后倒入适量油，将沾上蛋液和面粉的多春鱼一尾尾放入，炸2~3分钟至浮起后捞出。
4. 原锅开大火，待油温升高后，将做法3中炸熟的多春鱼放入油锅再炸一下捞起即可。

198 肉末鱼豆腐

材料
鱼豆腐 ⋯⋯⋯⋯300克
葱 ⋯⋯⋯⋯⋯⋯1根
红辣椒 ⋯⋯⋯⋯1根
姜末 ⋯⋯⋯⋯ 10克
蒜泥 ⋯⋯⋯⋯ 10克
猪肉泥 ⋯⋯⋯100克
市售高汤 ⋯⋯ 100毫升
水淀粉 ⋯⋯⋯⋯少许
色拉油 ⋯⋯⋯ 2大匙

调味料
辣豆瓣酱 ⋯⋯⋯ 2大匙
陈醋 ⋯⋯⋯⋯ 1/2大匙
细砂糖 ⋯⋯⋯ 1/2小匙
胡椒粉 ⋯⋯⋯⋯少许
米酒 ⋯⋯⋯⋯⋯1大匙

做法
1. 葱、红辣椒洗净后切末，备用。
2. 热锅，放入2大匙色拉油，以中火将葱末（留少许）与红辣椒末、姜末和蒜泥一同爆香。
3. 将猪肉泥和辣豆瓣酱放入锅中炒至香味四溢。
4. 于锅中放入鱼豆腐、市售高汤、陈醋、细砂糖、胡椒粉和米酒，以小火炒入味，再以水淀粉勾芡，最后撒上葱末即可。

注：鱼豆腐也可以用一般豆腐代替。

199 传统炸鸡排

材料
带骨鸡胸肉1/2块

炸粉
红薯粉1杯

调味料
A.葱15克、姜15克、蒜仁40克、酱油膏1大匙、五香粉1/8小匙、米酒1大匙、小苏打粉1/4小匙、细砂糖1小匙、水60毫升
B.椒盐粉1小匙

做法
1. 带骨鸡胸肉洗净后去皮，依照想要的厚度横剖（但不切断）成大片，备用。
2. 将调味料A放入果汁机搅打约30秒后滤去渣，即成腌汁。
3. 将鸡胸肉片放入腌汁中腌渍30分钟后，捞出鸡胸肉，去除多余的腌汁。
4. 再以按压的方式将鸡胸肉片两面均匀沾裹上红薯粉后，轻轻抖掉多余的粉，静置约1分钟使表面的红薯粉回潮。
5. 热油锅，待油温烧热至约180℃，放入鸡胸肉片以中火炸约2分钟至表皮金黄酥脆，捞出沥干油，撒上椒盐粉即可。

200 卤炸大鸡腿

材料
鸡腿 …………… 2只
葱 ……………… 2根
姜 ……………… 20克
油 ……………… 2大匙

调味料
水 ………… 1600毫升
酱油 ……… 600毫升
葱 ……………… 3根
姜 ……………… 20克
细砂糖 ……… 120克
米酒 ……… 50毫升
市售卤包 ………… 1包

做法
1. 葱、姜洗净拍破；鸡腿洗净，备用。
2. 热锅，加入2大匙色拉油，以小火爆香青葱、姜，备用。
3. 取一卤锅，放入爆香的葱、姜，加入所有调味料，以大火煮开后放入鸡腿，转小火，盖上盖子，让卤汁保持在略为沸腾状态，卤约10分钟后，熄火不打开盖子，继续将鸡腿浸泡约10分钟后，捞出鸡腿，沥干卤汁，风干至表面干燥。
4. 热油锅，待油温烧热至约160℃，放入卤鸡腿，以中火炸约2分钟至表皮呈金黄色，捞出沥油即可。

201 美式薄皮嫩炸鸡

材料

鸡腿2只

炸粉

面粉1/2杯、米粉1杯、椒盐粉1大匙

调味料

蒜泥15克、姜末10克、洋葱粉1小匙、盐1/6小匙、细砂糖1/4小匙、料酒1小匙

做法

1. 炸粉混合备用。
2. 鸡腿洗净后剁成两块，加入所有调味料拌匀腌渍30分钟，备用。
3. 将鸡腿以按压的方式均匀沾裹炸粉，静置约1分钟，备用。
4. 热油锅，待油温烧热至约160℃，放入鸡腿块以中火炸约3分钟，至表皮呈金黄酥脆时捞出沥干油即可。

Tips.美味加分关键

炸物在沾裹炸粉时，最好以按压的方式将炸粉均匀地沾在食材上，这样可以避免入锅后炸粉脱落。因为这种炸粉材料没有水分，均是靠腌渍过后的食材上的水分来沾粘炸粉，所以一定要按压，才能炸得漂亮。

---

202 台式炸排骨

材料

猪肉排2片（约250克）、姜泥15克、蒜泥40克

炸粉

红薯粉30克

调味料

酱油1小匙、五香粉1/4小匙、料酒1小匙、水1大匙、蛋清适量

做法

1. 猪肉排用刀背或肉槌拍松(厚约0.3厘米)后，加入所有调味料拌匀腌渍30分钟。
2. 在腌渍好的猪肉排中加入红薯粉，拌匀成稠状，备用。
3. 热油锅，待油温烧热至约180℃时，放入猪肉排以中火炸约5分钟至表皮呈金黄时，捞出沥干油即可。

Tips.美味加分关键

猪肉的纤维较粗，整块直接炸，口感会过硬，吃的时候容易吃到咬不断的肉丝，因此事先要用肉捶拍松肉的纤维组织。此外，排骨边缘会带有一些筋，这些筋在经过加热后会缩卷起来，因此在炸之前要先将这些筋切断，炸好的肉排才不会缩水。

203 宫保鸡丁

材料

鸡胸肉250克、青辣椒1/2根（约50克）、葱段少许、姜末25克、蒜泥25克、干辣椒段4条、花椒10粒、去皮蒜香花生50克、色拉油30毫升

调味料

A.盐1/4小匙、细砂糖1/4小匙、淀粉1/2小匙、米酒少许、蛋清适量

B.酱油1小匙、鸡精1/4小匙、细砂糖1/2小匙、白醋1/2小匙、淀粉1/4小匙

做法

1. 将鸡胸肉和青辣椒洗净，切成正方形丁状备用。
2. 鸡丁加入调味料A一起搅拌均匀，腌渍备用。
3. 将调味料B的酱油、鸡精、细砂糖、淀粉一起调匀成兑汁备用。
4. 热锅，倒入色拉油至热，加入腌渍好的鸡丁，大火炒至八分熟后约2分钟盛起。
5. 继续于锅中放入干辣椒段及花椒，转小火用锅里余油炒约半分钟至香味溢出后，再加入姜末、葱段、蒜泥一起爆香。
6. 然后放入鸡丁、青辣椒丁及兑汁，转中火快炒1分钟，最后滴入白醋，加入去皮蒜香花生一起炒匀即可盛盘。

204 瓜仔肉臊

材料

猪肉泥 ············250克
花瓜 ···············120克
葱 ····················20克
蒜头 ···············25克
红葱头 ············40克
色拉油 ········100毫升

调味料

酱油 ············60毫升
水 ···············500毫升
细砂糖 ············1小匙

做法

1. 将花瓜洗净剁碎备用。
2. 将蒜头及红葱头去皮，与葱一起洗净切碎备用。
3. 锅中倒入约100毫升色拉油烧热，以小火爆香做法2的材料，再加入猪肉泥炒至散开。
4. 将花瓜及所有调味料加入做法3的锅中，以小火煮约5分钟即可。

超方便料理法

通常在制作料理时大多都有固定的方式，例如炒面就是先将面条煮熟，再炒配料，最后再将煮好的面条放入炒好的配料中拌炒均匀。这些方式也许是大多数人习惯的，或是传统一直都这么制作，久而久之，我们也就认定了这一套做法。不过，平常惯用的做法，未必就是唯一可行的方式，换个角度来说，大家所惯用的做法也未必是最简单快速的方式。因此这次实验最大的目的就是要找出惯用做法外的其他可行方式，以更快、更简单的方法制作出味道相同的好料理。

从变换烹调的方式和选用的材料来简化制作过程

想要把复杂的料理变简单，方法有两个，一个是采用更快速有效率的烹调方式取代旧的方式，缩短烹调的时间；另一个就是选用现成的即食材料，省去制作的时间，甚至可以不用因为担心食物没熟而长时间烹煮，只要短时间加热就行。

最常用的烹调方式就是炒。不是每家都有烤箱、微波炉，但一定有炒菜锅。单炒一样材料比如炒青菜也许非常快速，但如果是炒面，或是需要先炒再烧的菜色，从将所有材料洗洗切切，到煮面或烧煮熟透入味，的确需要不少时间的。

这次的实验就是将个别的处理步骤简化成一个单纯流程，且尽量用可定时的器具来料理，不用先煮再炒或先炒再煮，只要利用一个锅具就搞定，按下开关后也不需要守在锅旁等着，时间到了就可以上桌！

以电饭锅取代炒菜锅

电饭锅是非常智能化的锅具，可惜大多数人只拿来煮饭，顶多再炖个汤，其实只要妥善地利用电饭锅，可以做出的菜色要比想象中多得多。例如只要加上拌的步骤，就能做出炒的效果；搭配上味道足够的酱汁，就能做出烧的效果。

无油烟、简单快速、定时控制都是懒人料理最受用的优势，这次实验选择了电饭锅来示范炒面的制作，以电饭锅炒面只用传统炒面一半的时间就能做出香Q的炒面。

以方便材料取代传统材料

现成的酱料、料理包、罐头、即食商品一定是懒人熟悉的好用材料，但是使用的方式未必只能像包装上标示的那么一成不变，不同的使用方式让料理更简单也更具新鲜感，还可搭配新鲜的食材兼顾健康和快速。

利用泡面能省去烧水煮面的步骤，即食浓汤可当焗烤的白酱面糊，烩饭用的调理包也能做炒面，直接用罐头肉酱烧煮土豆更有味，多一点创意巧思，快速方便的懒人料理不仅可以好吃，也会变得更有趣。

摘录自快乐厨房杂志64期

家常炒面

传统做法

先将面条以沸水煮熟，另起油锅炒熟配料，最后再将煮好的面条放入炒好的配料中拌炒均匀并调味。

实验说明

直接省略煮面条和炒配料的过程，将所有材料一起利用电饭锅蒸煮熟，并以翻拌取代快炒，选用现成的即食料理包，还可免去洗切和调味的步骤。

准备材料

家常面条1小把、即食料理包1包

做法分析

* 干面条直接蒸煮时会非常吸水，不过因为材料中的水分不像水煮时这么多，因此熟软的过程中会黏附在锅壁上，锅内抹点油就可以防止面条沾黏得太严重，煮好后只要利用木铲或饭匙将沾黏的面条铲下来拌匀就好。
* 干面条放进电饭锅内锅时必须尽量避免互相重叠，否则味道会不均匀，熟度和软硬度也会不一样。
* 料理包和水的时候，要均匀地淋在面条上，出锅后面条的味道才会均匀。

延伸应用

* 家常面条可以随意选择细的或扁的白面条，鸡蛋面也可以，不要选择不容易熟的面条，像是意大利面或拉面，否则做出来口感会太硬。
* 可以尝试用米粉或粉条，先将其用热水冲软后再制作，若想让蒸煮时间再短一些，可以选择电饭锅的蒸热功能。
* 料理包的口味不限，或者利用家里的现菜也可以，分量不拘，但要注意多加水，现菜的味道也许没有调理包足，可先将少许盐或酱油在热水里调匀然后倒入面中即可。

制作步骤

在电饭锅内锅中滴入1小滴油。

以厨房纸巾将锅内的油涂抹均匀。

取1小把面条，整理成一束。

将面条平均放入抹好油的电饭锅内。

打开即食料理包，均匀淋在面条上。

倒适量温开水略搅拌，将料理包中剩余的材料和汤汁完全倒入锅中。

将内锅放入电饭锅，选取快速煮饭功能蒸煮。

电饭锅蒸煮完成后，开盖将面条搅拌均匀即可。

205 洋葱照烧肉片夹心饭团

材料

米饭 ················· 2碗
洋葱 ················· 1/4个
火锅猪肉片 ········· 80克
小黄瓜 ············· 1/2条
生菜叶 ············· 2片

调味料

水 ················· 1/2杯
酱油 ··············· 1大匙
白砂糖 ············· 1小匙
白胡椒粉 ··········· 1小匙

做法

1. 洋葱洗净切丝；小黄瓜洗净切丝，备用。
2. 取锅加少许油（材料外），油热后放洋葱丝炒香，接着加入所有调味料煮开后，再放入火锅猪肉片煮至汤汁收干，盛出备用。
3. 取方形容器或寿司模，容器内先铺一层保鲜膜以方便饭团取出。
4. 先在容器内平铺一层米饭（约1厘米），再依次铺上小黄瓜丝、洋葱烧肉，最后再盖一层米饭（约1厘米），并将米饭压紧至扎实状态。
5. 将饭团取出，切成适当大小，用生菜包起即可。

206 鸡肉茄汁蛋包饭便当

材料

鸡肉 ············· 100克
洋葱 ··············· 30克
冷冻熟豌豆仁 ··· 20克
大米 ··············· 1杯
鸡蛋 ··············· 2个
水淀粉 ········· 1/2小匙

调味料

番茄汁 ············· 1杯
番茄酱 ··········· 1大匙

做法

1. 洋葱洗净切碎末；鸡肉洗净切丁；大米洗净；冷冻熟豌豆仁烫热捞起，备用。
2. 取电饭锅内锅，放入大米、洋葱末、鸡肉丁及番茄汁拌匀，放入电饭锅内启动煮饭。
3. 鸡蛋加水淀粉打散，煎成蛋皮，备用。
4. 饭煮好后加入番茄酱及豌豆仁拌匀，放入便当容器内，再将蛋皮盖在饭上稍微整形即成蛋包饭。

207 香柚烤鸡沙拉便当

材料

去骨鸡腿1个、洋葱1/2个、黄甜椒1/3个、生菜叶3片、葡萄柚1个、香菜末1大匙、小餐包2个

调味料

牛至叶1大匙、淡酱油1/4小匙、盐1/4小匙

做法

1. 烤箱先以200℃预热；将去骨鸡腿洗净，抹上牛至叶、淡酱油，再放入烤箱内，以200℃烤约20分钟。
2. 生菜叶洗净撕小片，黄甜椒、洋葱洗净切丝备用。
3. 葡萄柚去皮后，一半去膜剥成块状，均匀放入生菜叶内；另一半葡萄柚榨汁，加入香菜末及少许细砂糖（材料外）拌匀备用。
4. 将烤好的鸡腿均匀撒上盐，再切块，放在生菜叶上，淋上酱汁即可，可搭配小餐包一同享用。

208 海鲜盖饭便当

材料

米饭	1碗
生菜叶	4片
白果	6个
芦笋	2支
虾仁	3尾
乌贼	1/2尾
蒜头	2个
水	1杯
油	少许

调味料

米酒	1小匙
蚝油	1大匙
淀粉	1小匙
水	1大匙

做法

1. 蒜头洗净切片；生菜洗净撕小片；芦笋洗净切对半烫熟；虾仁、乌贼洗净切块，烫熟，备用。
2. 淀粉与水调成水淀粉备用。
3. 取锅加少许油，油热后爆香蒜片，放入虾仁、乌贼、芦笋、白果及生菜叶炒香，再加入蚝油、米酒及水1杯，待煮沸后淋入水淀粉勾芡，起锅，与米饭一同装入便当盒即可。

209 韩式泡菜火锅便当

材料
韩式泡菜··········80克
黄豆芽··········20克
市售高汤··········适量
圆白菜··········3片
金针菇··········30克
什锦火锅料······适量
火锅肉片··········80克
鸡蛋··········1个
米饭··········1碗

调味料
盐··········少许

做法
1. 取汤锅加入市售高汤，放入韩式泡菜及黄豆芽，开中火煮滚后转小火继续煮5分钟，并加少许盐调味。
2. 再依次加入圆白菜、金针菇、什锦火锅料、火锅肉片，最后打入鸡蛋，煮熟后倒入密闭保温便当盒，搭配米饭享用即可。

210 和风鸡肉咖喱便当

材料
市售和风冷冻鸡肉块
（半熟品）··········6块
冷冻西蓝花······80克
洋葱··········30克
米饭··········1碗

调味料
水··········1杯
咖喱块··········1小块

做法
1. 洋葱洗净切碎；冷冻西蓝花冲水沥干，备用。
2. 取锅加少许油，油热后爆香洋葱碎，加入水及咖喱块煮开后，再放入和风冷冻鸡肉块煮3分钟。
3. 最后放入冷冻西蓝花煮约2分钟起锅，与米饭一起装入便当盒中即可。

211 洋葱炒牛肉河粉

材料
河粉皮 ·············· 2片
黄豆芽 ·············· 50克
洋葱 ··············· 1/2个
无骨牛小排 ········ 2片
油················· 少许

调味料
蚝油 ··············· 1大匙
细砂糖 ············· 1小匙
盐················· 1/4小匙
白胡椒粉 ··········· 1大匙
水················· 1/4杯

做法
1. 河粉皮切条，以冲水方式散开；洋葱洗净切丝；无骨牛小排洗净切小块，备用。
2. 取锅加少许油，油热后爆香洋葱丝，再放入牛小排块炒至肉变色。
3. 放入河粉条、黄豆芽，再加入所有调味料，拌炒至汤汁略微收干即可。
4. 可搭配烫熟的西蓝花或青菜享用。

212 鲜菇鸡肉豆皮炊饭便当

材料
鸡腿1/2只、杏鲍菇丁100克、山药丁30克、市售调味豆皮4张、大米1杯、水1杯

调味料
调味豆皮附带的酱汁1大匙、盐1/4小匙

做法
1. 鸡腿洗净切丁；市售调味豆皮切丁，备用。
2. 大米洗净放入电饭锅内锅，加入鸡肉丁、杏鲍菇丁、豆皮丁及一杯水，放入电饭锅中煮熟。
3. 在煮熟的米饭中拌入山药丁和调味豆皮附带的酱汁及盐即可。

● 醋拌小黄瓜 ●
材料：小黄瓜1条、红辣椒1根
调味料：盐1/4小匙、细砂糖1小匙、白醋1大匙
做法：1.红辣椒切圆片状备用。2.小黄瓜洗净切薄片，加盐略抓后将盐水倒出，再加入细砂糖、白醋、红辣椒片拌匀即可。

213 酱烧荷包厚蛋便当

材料
鸡蛋·················1个
培根·················2片
金针菇···········适量
油·················适量

调味料
酱油··············1大匙
糖·············1/4小匙
水·················1大匙

做法
1. 取锅加少许油,油热后放入培根,两面煎熟,取出备用。
2. 原锅加多一些油,油热后将鸡蛋打入,用锅铲搅散蛋黄后尽量将蛋清面积扩大,快熟时铺上煎好的培根及金针菇,对折呈荷包形。
3. 再加入所有调味料,待汤汁煮沸后起锅即可。

● 蒜拌西蓝花 ●
材料:西蓝花6小朵、蒜头1个、红辣椒少许
调味料:盐1/4小匙、香油1/2小匙
做法:①蒜头、红辣椒切碎备用。②西蓝花烫熟后,拌入蒜碎、红辣椒碎、盐、香油即可。

214 叉烧肉饭团

材料
市售叉烧肉·······80克
冷冻熟豌豆仁···10克
热米饭···········200克

调味料
盐·················适量

做法
1. 市售叉烧肉切小丁;冷冻豌豆仁烫热捞起,备用。
2. 热米饭加入叉烧肉丁及熟豌豆仁拌匀。
3. 手抹盐,将拌好的饭整形成适当大小的三角饭团即可。

215 鳗鱼散寿司

材料
热米饭 ……………1碗
（约200克）
寿司醋 ……………少许
杏鲍菇 ……………1朵
鸡蛋 ………………2个
芦笋 ………………2根
市售蒲烧鳗 …… 1/2只
油 …………………少许

做法
1. 将蒲烧鳗放入烤箱以180℃加热10分钟，取出切小块备用。
2. 杏鲍菇放入烤箱以180℃烤3分钟，取出切小块；芦笋烫熟切小段，备用。
3. 热米饭加入寿司醋拌匀，放于便当盒内。
4. 鸡蛋打散成蛋液；取锅加少许油，油热后将蛋液炒成散蛋铺在饭上，再依次铺上蒲烧鳗鱼块、杏鲍菇块、芦笋段即可。

216 盐味牛小排便当

材料
无骨牛小排2片

调味料
盐少许、黑胡椒粗粒1大匙

做法
1. 烤箱以200℃预热5分钟，再放入牛小排以200℃烤约10分钟，约八分熟即可。
2. 取出烤好的牛小排，撒上盐及黑胡椒粗粒即可。

● 野菇清炒通心粉 ●
材料：蒜碎10克、洋葱碎50克、鲜菇条80克、红甜椒条30克、黄甜椒条30克、芦笋段100克、通心粉100克
调味料：盐2小匙、意大利综合香料1大匙
做法：①通心粉放入加盐（材料外）的沸水中煮约12分钟至软，捞起冲冷开水。②热油锅，爆香蒜碎及洋葱碎，加入鲜菇条、芦笋段、红甜椒条、黄甜椒条炒香，再放入通心粉拌炒，最后加入盐及意大利综合香料炒匀即可。

217 火腿蛋炒饭

材料

火腿丁 ············30克
葱碎 ··············· 10克
鸡蛋 ·················· 2个
米饭 ·····················1碗
色拉油 ········ 20毫升

调味料

盐·······················适量
白胡椒粉···········适量

做法

1. 鸡蛋打散拌匀成蛋液，备用。
2. 热锅，加入色拉油（材料外），轻轻摇动锅身使锅表面都覆盖上薄薄一层色拉油后，倒除多余色拉油，接着再重新倒入20毫升的色拉油。
3. 用大火热油锅，待油温至约80℃时，加入蛋液拌炒，炒至蛋液略干后加入火腿丁炒香。
4. 将米饭加入做法3的材料中拌炒，待米饭炒散，与蛋液、火腿丁一起混合均匀时，加入葱碎与所有调味料快炒拌匀即可。

218 什锦蛋炒饭

材料

米饭 ················1碗
鸡蛋 ·················2个
猪肉 ············· 100克
什锦蔬菜丁·····100克
葱 ···················· 2根
蒜头 ·················2个
红辣椒 ·········· 1/2根
色拉油 ···········1大匙

调味料

盐·····················少许
香油 ···············1小匙
酱油 ···············1小匙
白胡椒粉···········少许

做法

1. 猪肉切成小丁状；蒜头、红辣椒切片；葱切碎，备用。
2. 鸡蛋打入碗中搅拌均匀成蛋液，备用。
3. 热锅，倒入1大匙色拉油，加入切好的猪肉丁以中火爆香。
4. 再加入蛋液一起炒香后，加入米饭、什锦蔬菜丁与葱碎、蒜片、红辣椒片以中火翻炒均匀。
5. 最后加入所有的调味料拌炒均匀即可。

219 三文鱼炒饭

材料

米饭1碗（约200克）、鸡蛋2个、三文鱼70克、洋葱末10克、葱花30克、金针菇段10克、油适量

调味料

酱油1大匙、白胡椒粉1小匙、鸡精1/2小匙、米酒1大匙

做法

1. 三文鱼洗净沥干水分，切成小块状，放入油锅中炸至外观呈金黄色，捞起沥油备用。
2. 鸡蛋打入碗中，搅拌均匀成蛋液。
3. 取锅，加入适量油烧热，倒入蛋液炒匀至水分收干。
4. 然后加入米饭和洋葱末、葱花、金针菇段拌炒后，再放入所有调味料和三文鱼块略拌炒即可。

220 广州炒饭

材料

虾仁50克、叉烧肉40克、鸡蛋1个、青豆仁30克、米饭300克、葱花20克、色拉油25毫升

调味料

盐1/4小匙、鸡精1/4小匙

做法

1. 虾仁放入沸水中汆烫至外观变红色后，捞起泡入冷水中备用。
2. 叉烧肉切丁；鸡蛋打散搅拌成蛋液备用。
3. 取锅，加入色拉油以中火烧热后，倒入蛋液炒至五分熟，再加入米饭及葱花快速翻炒后，放入所有调味料、青豆仁、虾仁和叉烧肉丁快速拌炒，以中火炒至米饭干松有香味溢出即可。

221 扬州炒饭

材料

叉烧肉丝20克、虾仁20克、葱花10克、生菜丝10克、蛋液适量、米饭1碗（约200克）、色拉油20毫升

调味料

盐适量、白胡椒粉适量

做法

1. 热锅，加入色拉油（材料外），轻轻摇动锅身使锅表面都覆盖上薄薄一层色拉油，倒除多余色拉油，再重新倒入20毫升色拉油。
2. 待油温至约80℃时，加入蛋液快炒至略收干，放入叉烧肉丝与虾仁炒熟，接着加入米饭拌炒。
3. 待米饭炒散后，加入生菜丝与葱花快速炒拌均匀，最后加入所有调味料炒匀即可。

222 香肠蔬菜炒饭

材料
德式香肠2条、鸡蛋1
个、洋葱碎1大匙、生
菜叶2片、米饭1碗（约
200克）、油1大匙

调味料
酱油1小匙、黑胡椒1
小匙、盐1/4小匙

做法
1. 用刀在德式香肠上切划多条浅痕；生菜叶切小片。
2. 取锅加1大匙油，油热后爆香洋葱碎，打入鸡蛋炒散后，再加入德式香肠炒香。
3. 最后加入米饭、生菜片拌匀，再加入酱油、黑胡椒及盐拌炒均匀即可。

223 素香炒饭

材料
香菇丁20克、口蘑丁20克、青
豆仁20克、玉米粒20克、米饭1
碗（约200克）、香油20毫升

调味料
番茄酱30克、
香椿酱20克、
盐适量

做法
1. 热锅，加入香油（材料外），轻轻摇动锅身使锅表面覆盖上薄薄一层香油后，倒除多余香油，再重新倒入20毫升的香油。
2. 用大火热油锅，待油温至约80℃时，加入香菇丁、口蘑丁炒至干香，再加入玉米粒快炒，然后加入米饭翻炒。
3. 待米饭炒散后，加入青豆仁与所有调味料，拌炒均匀至熟即可。

224 葱香蔬菜炒饭

材料
洋葱30克、红甜椒30克、黄
甜椒30克、冷冻熟豌豆仁20
克、米饭1碗（约200克）、
葱花2大匙、油少许

调味料
黑胡椒粗粒少许

做法
1. 红甜椒、黄甜椒洗净切丁；洋葱洗净切碎末。
2. 取锅加少许油，油热后放入洋葱末炒香，再依次放入冷冻熟豌豆仁、红甜椒丁、黄甜椒丁及米饭，拌炒均匀。
3. 最后撒上黑胡椒粗粒及葱花，稍微拌炒即可。

225 滑蛋虾仁烩饭

材料
草虾仁 ………… 150克
鸡蛋 ………………… 1个
葱花 …………………… 适量
米饭 ………………… 225克

调味料
A.淀粉 ………… 2小匙
　水 ………… 4小匙
B.盐 ………… 1/4小匙
　水 ………… 100毫升

做法
1. 草虾仁洗净去肠泥；鸡蛋打散成蛋液；调味料A调制成水淀粉，备用。
2. 热油锅，将草虾仁及调味料B一起下锅煮至水沸后，将水淀粉慢慢倒入锅中勾芡，再将蛋液下锅，稍加搅拌后起锅淋在米饭上，撒上少许葱花即可。

Tips.美味加分关键
滑蛋要炒的滑嫩，重点就在不能炒太久，只要蛋液一下锅，拌炒至稍微凝固成型，就要起锅，否则若蛋太熟就没有滑嫩感了。

226 三鲜烩饭

材料
墨鱼 ………… 1/2尾
虾仁 ………… 7尾
鱼片 ………… 1/2片
蒜头 ………… 2个
红辣椒 ………… 1/2条
芹菜 ………… 2根
葱 ………… 1根
水淀粉 ………… 1大匙
米饭 ………… 1碗
色拉油 ………… 1大匙

调味料
盐 ………… 少许
白胡椒粉 ………… 少许

做法
1. 墨鱼去除头及内脏后洗净，切成片状；虾仁去背去沙筋；鱼片切成小片状，备用。
2. 煮一锅沸水，将做法1的所有海鲜材料放入沸水中氽烫过水备用。
3. 蒜头、红辣椒切片；葱、芹菜切段，备用。
4. 热锅，倒入1大匙色拉油，加入做法3的材料爆香，再加入做法2氽烫好的所有海鲜材料及所有调味料，以中火搅拌均匀，再以水淀粉勾薄芡。
5. 最后将做法4材料淋在米饭上即可。

227 鲷鱼豆腐丁盖饭

材料

鲷鱼片	100克
嫩豆腐	1盒
葱花	10克
鸡蛋	1个
热米饭	1碗
色拉油	少许

调味料

A.盐	少许
胡椒粉	少许
蛋液	少许
淀粉	少许
B.酱油	1大匙
蚝油	1/2小匙
味啉	1大匙
水	4大匙

做法

1. 将调味料B混合均匀；嫩豆腐切丁；鲷鱼片切成与豆腐丁大小相同，接着加入调味料A拌匀；鸡蛋打散成蛋液，备用。
2. 热一平底锅，放入少许色拉油，将鲷鱼丁加入锅中煎至上色，接着加入调味料B、豆腐丁煮至入味，再淋入做法1的蛋液煮至熟，撒上葱花后关火。
3. 最后在热米饭上盖上做法2的材料即可。

228 水波蛋芦笋盖饭

材料

芦笋	120克
金针菇	1/2把
香菇	1大朵
鸡蛋	1个
蒜泥	5克
热米饭	1碗
色拉油	少许

调味料

水	100毫升
酱油	1小匙
鸡精	少许
盐	少许
胡椒粉	少许

做法

1. 鸡蛋打入碗中，煮一小锅水，待水沸后加入少许盐（材料外），将鸡蛋倒入锅中转小火煮至蛋清凝固，即为水波蛋，捞起备用。
2. 芦笋放入沸水中汆烫至熟，捞出后斜切成约3厘米长的段状；金针菇去蒂、洗净、沥干水分，切对半；香菇切片，备用。
3. 热一平底锅，放入少许色拉油，加入蒜泥炒香，接着放入香菇片、金针菇略炒，再加入所有调味料拌炒均匀，加入芦笋段炒匀后关火。
4. 在热米饭上盖上做法3的材料和水波蛋即可。

229 台式经典炒面

材料
油面200克、香菇3克、虾米15克、肉丝100克、胡萝卜10克、圆白菜100克、市售高汤100毫升、红葱花10克、芹菜末少许、色拉油2大匙

调味料
盐1/2小匙、鸡精1/4小匙、细砂糖少许、陈醋1小匙

做法

1. 香菇泡软后洗净、切丝；虾米洗净；胡萝卜洗净、切丝；圆白菜洗净、切丝，备用。
2. 热一油锅，倒入2大匙色拉油烧热，放入红葱花以小火爆香至微焦后，加入香菇丝、虾米及肉丝一起炒至肉丝变色。
3. 然后放入胡萝卜丝、圆白菜丝炒至微软后，再加入所有调味料和市售高汤煮沸。
4. 最后加入油面和芹菜末一起拌炒至汤汁收干即可。

230 抄手馄饨面

材料
市售馄饨6个、熟阳春面1份（约250克）、豆芽菜50克、蒜头2个、红辣椒1根、熟上海青1棵、鸡高汤150毫升

调味料
辣油1大匙、香油1大匙、酱油1小匙、辣豆瓣酱1小匙、白胡椒粉少许

做法

1. 红辣椒、蒜头洗净切片，豆芽菜洗净。
2. 热锅倒入1大匙油（材料外）烧热，加入蒜头片与红辣椒片以小火爆香，再加入所有调味料拌匀并略煮一下。
3. 馄饨放入沸水中烫熟后捞出，加入做法2的汤中煮至入味，然后加入豆芽菜煮一下。
4. 熟阳春面装入碗中，再将做法3的材料和熟上海青放在面上即可。

Tips. 美味加分关键

材料简单的料理，也能有丰富的好味道，蒜与红辣椒爆香的时候小火慢炒出香气，注意火不要太大以免炒出苦味，做汤时，搭配上够味道的调味料，就能做出很够味的汤。

231 什锦炒面

材料

油面250克、猪肉丝30克、葱1根、蒜泥1/2小匙、虾仁30克、黑木耳丝20克、胡萝卜丝30克、圆白菜丝50克、水350毫升、色拉油2大匙

腌料

淀粉1/2小匙、盐1/4小匙

调味料

酱油1大匙、盐1/4小匙、细砂糖1/4小匙、胡椒粉1/2小匙、香油1/2小匙

做法

1. 猪肉丝放入腌料抓匀腌渍10分钟，葱洗净切段备用。
2. 取锅烧热后加入2大匙色拉油，放入蒜泥爆香，加入腌好的猪肉丝、虾仁炒2分钟盛出。
3. 放入油面炒2分钟，加入水、黑木耳丝、胡萝卜丝、所有调味料及炒好的猪肉丝与虾仁，待沸腾后盖上锅盖以中火焖煮至汤汁略收，加入圆白菜丝与葱段，以大火拌炒至软即可。

232 肉丝炒面

材料

宽面200克、肉丝100克、胡萝卜丝15克、黑木耳丝40克、姜丝5克、葱花10克、市售高汤60毫升、色拉油2大匙

调味料

A.酱油1大匙、细砂糖1/4小匙、盐少许、陈醋1/2大匙、米酒1小匙
B.香油少许

做法

1. 将一锅水煮沸后，把宽面放入沸水中煮约4分钟后捞起，冲冷水至凉后捞起沥干备用。
2. 热锅，倒入色拉油烧热，放入葱花、姜丝爆香，再加入肉丝炒至变色。
3. 然后放入黑木耳丝和胡萝卜丝炒匀，再加入调味料A、市售高汤和宽面，一起快炒至入味，起锅前再滴入香油拌匀即可。

233 咖喱海鲜炒乌冬面

材料

乌冬面200克、鲜虾3尾、乌贼100克、葱段5克、圆白菜丝20克、胡萝卜丝5克、水200毫升、柴鱼片1大匙、油适量

调味料

日式酱油1大匙、咖喱粉1大匙、味啉1/2小匙、七味粉1/4小匙

做法

1. 鲜虾去肠泥后洗净；乌贼去内脏后洗净切圈段，备用。
2. 热锅，倒入适量的油，放入葱段爆香，加入圆白菜丝、胡萝卜丝炒香。
3. 加入做法1的海鲜材料炒匀，再加入所有调味料、乌冬面以大火炒匀。
4. 最后撒上七味粉、柴鱼片搭配食用即可。

234 蒸瓜仔肉面

材料

猪肉泥	150克
罐头瓜仔肉	1/2瓶
油面	200克
咸蛋黄	1/2个
青葱	1根
蒜头	2个
红辣椒	1/3根

调味料

酱油	1小匙
香油	1小匙
淀粉	少许
蛋清	适量

做法

1. 青葱洗净，蒜头去皮，红辣椒去蒂，均洗净切碎备用。
2. 猪肉泥放入大碗中，加入罐头瓜仔肉和做法1的材料拌匀，再依次加入所有调味料搅拌均匀，摔打至出筋，填入杯状容器中，在杯中央放入咸蛋黄，移入蒸笼大火蒸约10分钟。
3. 油面装入碗中，将做法2的材料倒扣在面上即可。

Tips.美味加分关键

瓜仔肉原本就是一道香气十足的料理，再加上咸蛋黄，滋味更是浓郁，不过因为咸蛋黄和腌瓜都是腌渍品，要特别注意咸度的把控。

235 丝瓜花甲面

材料

丝瓜	1/2条
花甲	200克
油面	200克
姜	1小段
红甜椒	30克
油	1大匙

调味料

鸡高汤	200毫升
盐	少许
白胡椒	少许
香油	1小匙

做法

1. 姜去皮洗净，切丝；红甜椒洗净，切小片，备用。
2. 丝瓜用菜刀刮除外皮，洗净切开去除瓤部，再切成小片备用。
3. 花甲洗净，泡盐水去沙备用。
4. 热锅倒入1大匙油烧热，依次加入做法1、做法2、做法3的材料以中火炒出香气，再加入所有的调味料翻炒均匀。
5. 油面装入碗中，再将做法4材料放在面上即可。

Tips.美味加分关键

丝瓜的外皮以菜刀轻轻刮除即可，留下较多绿色的部分，不仅颜色变得更翠绿，营养也保留更多，而且烧煮之后还能维持脆口。

236 德式香肠番茄意大利面

材料
德式香肠2条、圣女果6颗、西蓝花4小朵、洋葱20克、蒜头2个、意大利面80克、油少许

调味料
番茄酱2大匙、番茄汁1/2杯、意大利综合香料1大匙

做法
1. 将蒜头、洋葱洗净切碎；圣女果洗净切对半；西蓝花洗净烫熟；德式香肠切半，在表面切划多条浅痕，备用。
2. 取锅倒入八分满的水，加1小匙盐（材料外）煮滚后，放入意大利面煮约8分钟至软，再捞起冲冷水备用。
3. 起锅加少许油，油热后爆香蒜碎、洋葱碎，加入德式香肠、圣女果炒香，再加入所有调味料煮开，放入意大利面条煮3分钟，稍微拌匀装入便当盒中，以西蓝花装饰即可。

237 培根蛋汁意大利面

材料
意大利直面（1.6~1.9mm）150克、蒜头15克、培根2片、煮面水75毫升、熟蛋黄2个、动物性鲜奶油30克、橄榄油20毫升

调味料
盐适量、黑胡椒粗粒适量

做法
1. 煮一锅水，加入少许盐（材料外）和橄榄油，放入意大利直面煮4~5分钟至半熟状态，捞出沥干水分，放入大盘中以适量橄榄油拌匀，备用。
2. 将熟蛋黄压碎，与动物性鲜奶油拌匀；蒜头切碎；培根放入沸水中汆烫一下，捞出沥干水分切成小片，备用。
3. 热平底锅，加入少许橄榄油，放入蒜碎以中火爆香，接着加入培根片炒香。
4. 加入半熟的意大利直面拌炒均匀，再加入煮面水与盐，炒至汤汁收干即关火。
5. 利用余温加入做法2的蛋黄奶油拌匀，接着撒上黑胡椒粗粒即可。

238 什锦菇西蓝花意大利面

材料

意大利面（1.6~1.9mm）150克、西蓝花50克、杏鲍菇50克、新鲜香菇1朵、秀珍菇30克、蒜头15克、红辣椒10克、罗勒适量、橄榄油20毫升

调味料

胡椒粉1/4小匙、蚝油1大匙

做法

1. 煮一锅水，加入少许盐（材料外）和橄榄油，放入意大利面煮4~5分钟至半熟，捞出沥干水分，放入大盘中以适量橄榄油拌匀，备用。
2. 西蓝花洗净切小朵，放入沸水中汆烫一下，捞出沥干水分；秀珍菇洗净；杏鲍菇洗净切片；新鲜香菇洗净切片；蒜头、红辣椒、罗勒切碎，备用。
3. 热一平底锅，放入少许橄榄油，加入蒜碎、红辣椒碎以小火爆香，接着放入杏鲍菇片、秀珍菇、新鲜香菇片炒香。
4. 在锅中加入煮面水（60毫升）、蚝油、胡椒粉与半熟的意大利面，煨煮至汤汁收干，起锅前加入罗勒碎拌匀即可。

239 金枪鱼沙拉通心粉

材料

笔管面	150克
金枪鱼罐头	100克
蛋黄酱	50克
洋葱	30克
水煮蛋	1个
罗勒叶	1/2大匙
橄榄油	10毫升

调味料

黑胡椒粗粒1/4小匙

做法

1. 煮一锅水，加入少许盐（材料外）和橄榄油，放入通心粉煮10~12分钟至熟，捞出沥干水分，放入大盘中以适量橄榄油拌匀，备用。
2. 洋葱洗净切碎；罗勒叶洗净切碎；水煮蛋的蛋清与蛋黄分开，蛋清切碎、蛋黄压碎，备用。
3. 将金枪鱼罐头内的油全部沥干，加入洋葱碎、蛋清碎与黑胡椒粗粒拌匀，接着加入蛋黄酱、罗勒碎与通心粉拌匀，食用前加上蛋黄碎即可。

240 蒜辣意大利面

材料

意大利直面······150克
蒜头·················· 5个
红辣椒············30克
橄榄油·········20毫升

调味料

盐·······················1小匙
胡椒粉···········1小匙
西芹碎···········适量

做法

1. 煮一锅水，加入少许盐（材料外）和橄榄油，放入意大利直面煮4～5分钟至半熟状态，捞出沥干水分，放入大盘中以适量橄榄油拌匀，备用。
2. 蒜头、红辣椒洗净切片，备用。
3. 热一平底锅，放入少许橄榄油，加入蒜片、红辣椒片以小火爆香至蒜片呈金黄色。
4. 在做法3的材料中加入半熟的意大利直面拌炒均匀，接着加入煮面水（60毫升）、胡椒粉、盐煮至汤汁收干，起锅前撒上西芹碎即可。

---

241 芦笋鸡肉天使意大利面

材料

天使意大利面150克、芦笋4支、鸡胸肉1/3副、蒜头15克、番茄1/4个、动物性鲜奶油15克、橄榄油20毫升

调味料

盐1/4小匙

做法

1. 煮一锅水，加入少许盐（材料外）和橄榄油，放入天使意大利面煮约2分钟至半熟，捞出沥干水分，放入大盘中以适量橄榄油拌匀，备用。
2. 芦笋洗净切段；鸡胸肉洗净切块；蒜头洗净切碎；番茄洗净切丁，备用。
3. 热一平底锅，放入少许橄榄油，加入蒜碎以中火爆香，接着加入鸡胸肉块炒香，再加入芦笋段、番茄丁拌炒均匀。
4. 在做法3的材料中加入煮面水（50毫升）、盐与半熟的天使意大利面，煮至汤汁收干，最后加入动物性鲜奶油拌匀即可。

242 传统凉面

材料
油面 …………… 300克
鸡胸肉（去皮）… 1副
胡萝卜 ………… 100克
小黄瓜 ………… 100克

调味料
A.芝麻酱 ……… 适量
　鸡汤汁 ……… 适量
　蒜泥 ………… 10克
B.米酒 ………… 1大匙
　盐 …………… 1小匙
　水 ………… 300毫升

做法

1. 鸡胸肉洗净，用沸水汆烫后捞起。另起锅，将焯好的鸡胸肉放入锅中，加入调味料B后再倒入适量的水（材料外），盖上锅盖煮10分钟后关火，再焖10分钟取出，待冷却后切丝，备用。
2. 胡萝卜、小黄瓜洗净切丝，备用。
3. 油面放入沸水中汆烫，捞起沥干盛盘，接着放入鸡肉丝和胡萝卜丝、小黄瓜丝，再加入调味料A，食用时拌均匀即可。

Tips.美味加分关键

熟鸡胸肉趁热用菜刀刀背拍散，就能轻松将整块鸡胸肉变成鸡丝，不用费力慢慢处理。

243 沙茶凉面

材料
熟凉面 ………… 150克
小黄瓜丝 ……… 50克
胡萝卜丝 ……… 50克
火腿片 ………… 1片
水淀粉 ………… 1小匙
油 …………… 1.5小匙
水 …………… 75毫升
蒜泥 …………… 5克
红辣椒末 ……… 5克

调味料
盐 …………… 1/8小匙
蚝油 ………… 1大匙
酱油 ………… 1小匙
鸡精 ………… 1/4小匙
沙茶酱 ……… 2大匙
细砂糖 ……… 1/2小匙

做法

1. 小黄瓜丝、胡萝卜丝冲水复脆沥干水分；火腿片切丝，备用。
2. 热锅，放入1.5小匙油，加入蒜泥、红辣椒末以小火略炒，然后加入水及所有调味料以小火煮滚。
3. 将水淀粉放入做法2的材料中勾芡，放凉后即成为沙茶凉面酱。
4. 熟凉面盛入盘中，放入做法1的材料，再淋上做法3的沙茶凉面酱即可。

244 传统蒜蓉凉面

材料

油面·············250克
绿豆芽···········15克
小黄瓜··········1/2条
葱花·············适量
油··············少许

调味料

酱油膏···········1小匙
盐··············1/4匙
味精············1/4匙
细砂糖···········1/4匙
水············30毫升
蒜泥···········1/2小匙

做法

1. 取汤锅，待水沸后将油面放入水中汆烫一下捞起，再冲泡冷水后沥干。
2. 取盘，放上油面并倒上少许油，一边拌匀，一边将面条拉起吹凉。
3. 将所有调味料放入碗中，搅拌均匀，即为蒜蓉酱汁。
4. 将小黄瓜洗净切丝；绿豆芽汆烫后，过冷水至凉，捞起沥干，备用。
5. 取盘，将油面置于盘中，放上做法4的材料，淋上拌匀的蒜蓉酱汁，并撒上葱花即可。

245 四川麻辣凉面

材料

熟凉面···········150克
蛋丝·············20克
小黄瓜············1条
胡萝卜···········50克
熟鸡胸肉（去皮）··50克

调味料

盐··············1/4小匙
辣油············1小匙
蒜泥·············2克
酱油············1大匙
芝麻酱···········1大匙
花生酱··········2小匙
凉开水·········75毫升
花椒油··········1/2小匙
香醋············1大匙

做法

1. 小黄瓜、胡萝卜洗净切丝，冲水复脆后沥干水分备用。
2. 熟鸡胸肉撕成鸡丝；芝麻酱加花生酱用凉开水拌开，加入蒜泥及其余调味料拌匀成四川麻辣酱，备用。
3. 将熟凉面盛入盘中，放入做法1的材料、鸡丝及蛋丝，再淋上四川麻辣酱即可。

246 味噌酱蘸冷面

材料
熟乌冬面········ 2人份
葱·····················1根
七味粉 ·············少许

调味料
味噌酱汁···········适量

做法
1. 将乌冬面放入沸水中氽烫至散开，捞起泡入冰水中至完全冷却，再沥干水分盛入盘中备用。
2. 葱洗净后，切成葱花，放在乌冬面上，再撒上七味粉。
3. 食用时将乌冬面蘸取味噌酱汁即可。

● **味噌酱汁** ●

材料：和风酱油2大匙、白味噌1大匙、原味花生酱1大匙、味啉1大匙、蛋黄酱1大匙、米醋1大匙、冷开水100毫升、熟白芝麻1大匙
做法：熟白芝麻磨成碎末，放入其余材料，混合拌匀即可。

247 绿茶鸡丝凉面

材料
绿茶面 ·············200克
熟鸡胸肉（去皮）···30克
葱··················30克
辣椒粉 ·············少许
海苔丝 ·············20克

调味料
酱油 ···········50毫升
味啉 ···········50毫升
冷开水 ·········10毫升

做法
1. 取汤锅，放入适量的水煮沸后，放入绿茶面煮6~8分钟，捞出放入冷水中略浸泡后，立即捞起沥干，盛盘备用。
2. 将熟鸡胸肉剥成细丝；葱洗净切葱花；全部调味料放入锅中煮沸，关火放凉即成冷面汁，备用。
3. 将鸡肉丝、葱花、辣椒粉和海苔丝撒在绿茶面上，淋上冷面汁即可。

Tips.美味加分关键

制作冷面汁时，也可以用柴鱼高汤或是海带高汤取代冷开水，可以增加冷面汁的甘味。

248 山葵芝麻凉面

材料
油面 …………… 200克
小黄瓜 ………… 20克
辣椒粉 …………… 3克

调味料
山葵芝麻酱 ……… 适量

做法
1. 取一汤锅，加入适量的水煮沸，放入油面，略 氽烫后立即捞起泡入冰水中，再捞起沥干水 分，盛盘备用。
2. 将山葵芝麻酱淋在油面上。
3. 将小黄瓜洗净沥干，切细丝撒在油面上，最后 撒上辣椒粉即可。

● 山葵芝麻酱 ●

材料：山葵酱20克、蛋黄酱60克、芝麻酱 30克、蒜头10克、凉开水20毫升
做法：蒜头洗净切碎，倒入其余的材料搅拌 均匀即可。

249 意式风味凉面

材料
螺旋面 ………… 100克
黑橄榄 ………… 20克
红洋葱碎 ……… 1大匙
芹菜碎 ………… 1大匙
红甜椒碎 ……… 1大匙
什锦胡椒碎 …… 1茶匙

调味料
意式风味酱汁适量

做法
1. 螺旋面放入沸水中煮熟，捞起沥干水分，盛入盘 中，加入少许橄榄油（材料外）拌匀，放凉备用。
2. 黑橄榄切成片状备用。
3. 于螺旋面上淋上意式风味酱汁，再放上黑橄榄 片和其余材料，食用前拌匀即可。

● 意式风味酱汁 ●

材料：橄榄油3大匙、意大利陈醋2大匙、红 酒醋1大匙、凉开水3大匙、柳橙碎2大匙、罗 勒碎1小匙、西芹碎1小匙、蒜泥1/2小匙、薄 荷碎1小匙、奶酪粉1大匙
做法：将所有材料依次加入，混合拌匀即可。

250 罗勒酱凉面

材料

熟意大利直面100克、熟虾仁50克、红甜椒20克、圣女果1个、青豆仁1大匙、黑橄榄片8片、葱花1大匙、罗勒40克

调味料

苹果醋3大匙、橄榄油2大匙、水2大匙、芥末籽酱1小匙、罗勒碎2大匙、蒜泥1小匙、黑胡椒粉少许

做法

1. 红甜椒洗净沥干切丁；圣女果洗净沥干对切；所有调味料混合拌匀，即为罗勒酱，备用。
2. 在熟意大利直面上淋上罗勒酱，再放上红甜椒丁、圣女果、熟虾仁、青豆仁、黑橄榄片、葱花、罗勒即可。

251 法兰克福贝壳面

材料

贝壳面120克，法兰克福肠50克，蒜香花生碎1大匙，小黄瓜、红甜椒丁、黄甜椒丁各适量

调味料

蒜碎1/2小匙、蛋黄酱2大匙、苹果醋1.5大匙、柠檬汁1.5大匙、橄榄油2大匙、盐1/2小匙、黑胡椒粉1/2小匙

做法

1. 贝壳面放入沸水中煮熟，捞起沥干水分，加入少许橄榄油（材料外）拌匀，盛入盘中放凉备用。
2. 法兰克福肠切丁备用。
3. 取一容器，将所有的调味料加入后混合拌匀，即为酱汁。
4. 于贝壳面上淋上做法3的酱汁后，再放上法兰克福肠丁与其余材料即可。

252 墨西哥辣凉面

材料

通心粉120克、玉米粒50克、葱花1小匙、彩椒碎1大匙、番茄丁1大匙、法兰克福肠片适量

调味料

橄榄油1大匙、柠檬汁3大匙、辣椒酱1大匙、番茄酱3大匙、盐1/2小匙、细砂糖1小匙

做法

1. 通心粉放入沸水中煮熟，捞起沥干水分，加入少许橄榄油（材料外）拌匀，盛入盘中放凉备用。
2. 取一容器，将所有的调味料加入后混合拌匀，即为酱汁。
3. 于通心粉上淋上酱汁后，再放上其余材料即可。

253 红酸奶
天使冷面

材料

通心粉	120克
大红番茄	1颗
西芹碎	适量

调味料

番茄酱	20克
酸奶	50毫升
盐	适量

做法

1. 取一汤锅装水，加入少许盐（材料外）煮沸，放入通心粉搅开煮沸，再让其持续沸腾约7分钟。
2. 将煮好的通心粉捞起，泡入冰开水中至冷备用。
3. 大红番茄去头后洗净，挖去籽做成番茄盅备用。
4. 取一大碗，加入所有调味料混匀，再把晾凉的通心粉放入一起拌匀。
5. 将拌好的通心粉放入番茄盅内，最后撒上西芹碎即可。

254 香橙虾
通心冷面

材料

通心粉	120克
虾仁	20克
红甜椒丁	5克
黄甜椒丁	5克
青辣椒丁	5克

调味料

A.橙汁	30克
橄榄油	90毫升
盐	适量
白胡椒粉	适量
B.欧芹末	适量
匈牙利红椒粉	适量

做法

1. 取一汤锅装水，加入少许盐（材料外）后煮开，放入通心粉搅开煮至沸腾，再让其持续沸腾约10分钟。
2. 将煮好的通心粉捞起，泡入冰开水中至冷备用。
3. 虾仁去肠泥，洗净后放入沸水中，汆烫至熟捞起。
4. 取一大碗，将调味料A加入混匀，再把红、黄甜椒丁、青辣椒丁、通心粉及虾仁放入，一起拌匀后摆盘撒上欧芹末、匈牙利红椒粉即可。

255 低卡酸奶凉面

材料
熟短面150克、什锦水果丁100克、苜蓿芽20克

调味料
原味酸奶5大匙、黄芥末粉1小匙、细砂糖1/2小匙、盐1小匙、柠檬汁1大匙

做法
1. 熟短面与少许橄榄油（材料外）拌匀，盛入盘中放凉备用。
2. 将所有调味料混合均匀，即为酸奶酱。
3. 于熟短面上放上什锦水果丁和洗净沥干的苜蓿芽，再淋上酸奶酱即可。
注：将意大利直面分切成较短的长度即成本道凉面所使用的短面。

256 红酒醋凉面

材料
熟意大利面150克、紫莴苣叶3片、红甜椒10克、圣女果2个、火腿片2片

调味料
红酒醋3大匙、橄榄油1大匙、细砂糖1/2小匙、盐1/4小匙

做法
1. 将紫莴苣叶、火腿片、红甜椒切丝；圣女果切片，备用。
2. 红酒醋加入橄榄油、细砂糖、盐一起拌匀。
3. 将熟意大利面与做法2的酱汁拌匀，再放上做法1的材料即可。

257 清甜蔬果凉面

材料
意大利面120克、胡萝卜丝10克、小黄瓜丝10克、苹果10克、罐头水蜜桃10克

调味料
A.蛋黄酱50克、盐适量、白胡椒粉适量
B.西芹碎适量

做法
1. 取一汤锅装水，加入少许盐（材料外）后煮开，放入意大利面搅开煮至沸腾，再让其持续沸腾约12分钟后捞起泡入冰开水中至冷备用。
2. 苹果洗净后切细丝；罐头水蜜桃洗净后切块。
3. 取一大碗，放入调味料A混匀，将意大利直面、做法2的食材及其余材料放入，一起拌匀后撒上西芹碎摆盘即可。

258 沙拉冷面

材料

生油面100克、小黄瓜1/2条、番茄1个、洋葱丝适量、生菜叶适量、鸡蛋1个、盐少许、白胡椒粉少许

调味料

淡色酱油2大匙、醋2大匙、细砂糖1大匙、香油1大匙、黄芥末籽酱1大匙、鸡精少许

做法

1. 将生油面放入沸水中煮至熟后，捞起以冷水冲除淀粉质并冲至完全冷却，再沥干水分备用。
2. 取一容器，倒入盐、白胡椒粉以及所有调味料拌匀，即成沙拉酱汁。
3. 小黄瓜洗净后去籽，切成5厘米丝状；番茄洗净切片；洋葱丝用水洗去辛呛味沥干；生菜叶洗净，备用。
4. 将鸡蛋均匀打散；平底锅烧热，抹上薄薄的色拉油（材料外），将蛋液倒入锅内，摇动锅身使蛋均匀成薄片，煎熟后取出待冷，再切成丝状备用。
5. 取盘，放上油面，再放上做法3、做法4的材料，淋上沙拉酱汁即可。

259 水果拌酱面

材料

韩式冷面条……110克
苹果……………适量
梨………………适量
猕猴桃…………适量
西瓜……………适量
金橘……………1/2个

调味料

水果拌酱…………适量

做法

1. 将韩式冷面条放入沸水中煮约4分钟至熟，捞起冲冷水至完全冷却，再沥干水分，盛入盘中备用。
2. 将材料中所有水果处理后适当切片。
3. 将水果拌酱倒在韩式凉面上拌匀，再放上水果片即可。

● 水果拌酱 ●

材料：韩式辣味噌酱1大匙、淡色酱油1大匙、蒜泥适量、葱花适量、苹果泥5大匙、味淋1大匙、香油1大匙
做法：取一容器，放入所有材料混合拌匀即可。

260 肉卷饭团

材料
猪肉薄片········100克
米饭············140克
蛋黄酱··········适量
黄芥末··········适量
柴鱼片··········适量
花生油··········少许

调味料
酱油············2小匙
味淋············1小匙
米酒············1小匙
姜末············1小匙

做法
1. 将猪肉薄片摊开，抹上薄薄的淀粉（材料外）。
2. 将1/2分量的米饭整形成椭圆形，放在肉片上，包裹成圆形。
3. 锅烧热，倒入少许花生油，放入做法2的肉卷饭团煎至双面上色。
4. 再加入所有调味料，烧煮至汤汁略收干。
5. 装入便当盒时，再挤入适量蛋黄酱、黄芥末，最后撒上柴鱼片即可。

261 通心粉沙拉

材料
熟通心粉70克、火腿丝
30克、洋葱丝30克、罗
勒碎1小匙、油1小匙

调味料
盐1/4小匙、黑胡椒粉1/2
小匙、沙拉酱2大匙

做法
1. 热锅，倒入1小匙油，先放入火腿丝、洋葱
   丝炒熟，再放入盐和黑胡椒粉炒匀，关火
   放凉备用。
2. 取一容器，放入熟通心粉、做法1的材料和
   沙拉酱搅拌均匀，再撒上罗勒碎即可。

🍃 香炒甜豆 🍃
材料：香菇丝3朵、甜豆荚50克、猪肉丝30克
调味料：酱油1/2小匙、盐1/4小匙、油1小匙
做法：
1. 甜豆荚洗净撕筋；猪肉丝以酱油腌渍1分钟备用。
2. 热锅，倒入1小匙油，先放入香菇丝炒香后，再放猪
   肉丝、甜豆荚，以大火炒熟，最后加盐炒匀即可。

🍃 葡萄柚生菜 🍃
材料：葡萄柚1/4颗、生菜叶5片、柚子酱
1/2大匙
做法：
1. 葡萄柚去皮去膜，取出果肉；生菜叶洗净。
2. 取一容器，放入葡萄柚果肉、生菜叶
   和柚子酱拌匀即可。

262 和风海鲜沙拉

材料

生菜叶 ·············· 2片
芦笋 ················· 2支
山药 ················· 30克
鲜虾 ················· 3尾
乌贼 ················· 1/2尾
白芝麻 ············· 1大匙

调味料

市售和风沙拉酱适量

做法

1. 生菜叶洗净撕小片；芦笋对半切后烫熟；山药去皮后，切条状，备用。
2. 乌贼洗净切条状；鲜虾洗净烫熟后去壳，备用。
3. 将做法1、做法2的材料放入便当容器中，撒上白芝麻，食用时淋上和风沙拉酱即可。

● 豆皮寿司 ●

材料：市售调味豆皮5张、热米饭1碗、白芝麻2大匙、市售寿司醋1大匙

做法：

1. 将寿司醋及白芝麻（留少许）加入热米饭中拌匀。
2. 将调味豆皮反折后，包入拌好的米饭，最后撒上白芝麻即可。

263 培根蔬菜贝果

材料

贝果1个、培根3片、洋葱丁15克、红甜椒丁15克、鸡蛋2个、牛奶2大匙、番茄片2片、生菜叶1片、油少许

调味料

奶油1大匙、盐1/4小匙、黄芥末酱适量

做法

1. 贝果剖半放入烤箱以中火烤约5分钟，取出后均匀涂上奶油。
2. 培根放入烤箱以中火烤熟，取出沥油备用。
3. 将洋葱丁、红甜椒丁、鸡蛋、牛奶、盐混合打成蛋液备用。
4. 取锅加少许油，油热后倒入蛋液慢慢烘成厚蛋再整形。
5. 取一半贝果放上厚蛋片，再依次放入培根片、生菜叶、番茄片，最后挤上黄芥末酱，再盖上另一半的贝果即可。

264 田园芝士吐司

材料

厚片吐司…………1片
芝士片……………1片
生菜叶……………3片
番茄………………2片
苜蓿芽…………1小把

调味料

沙拉酱…………1小匙

做法

　厚片吐司上依次摆放芝士片、生菜叶、番茄片和苜蓿芽，淋上沙拉酱，对折放进餐盒即可。

● 苹果虾仁 ●

材料：苹果丁适量、熟虾仁6尾、黑胡椒粉1/4小匙、橄榄油1/2小匙、盐1/4小匙
做法：将苹果丁、熟虾仁和所有调味料拌匀即可。

● 蜂蜜柳橙 ●

材料：柳橙1个、蜂蜜1大匙
做法：柳橙取出果肉放入小碗中，淋上蜂蜜，拌匀即可。

265 金枪鱼酱 三明治

材料

全麦吐司3片、水渍金枪鱼2大匙、水煮蛋1/2个、黄甜椒丁30克、红甜椒丁30克

调味料

沙拉酱1大匙

做法

1. 水渍金枪鱼、水煮蛋切丁备用。
2. 取一容器，放入做法1的材料，再加沙拉酱拌匀，即成金枪鱼酱。
3. 吐司去边，取一片吐司抹上金枪鱼酱，盖上另一片吐司，重复相同动作。
4. 最后固定好吐司，纵切两刀，摆进便当盒内即可。

● 白萝卜卷 ●

材料：白萝卜3片、火腿片1片、小黄瓜1/2条、豌豆苗适量、盐1小匙、酱油1小匙
做法：

1. 盐、酱油入开水锅，放白萝卜烫熟，捞起。
2. 火腿片以干锅煎熟，切条状；小黄瓜切条状。
3. 将白萝卜片平铺，摆上火腿条、小黄瓜条和豌豆苗，卷起固定即可。

266 培根芝士
三明治

材料

芝士吐司············4片
培根················4片
软质芝士··········适量
罐头玉米粒·····100克

调味料

蛋黄酱···········20克
黑胡椒粉··········少许

做法

1. 将罐头玉米粒充分沥干水分，加入蛋黄酱和黑胡椒粉拌匀。
2. 锅烧热，放入培根煎至两面上色，备用。
3. 芝士吐司放入烤箱中略烤一下，取出后涂上软质芝士，放上适量做法1、做法2的材料，再切成适当大小即可。

● 水煮德式香肠 ●

材料：德式香肠2根
做法：将德式香肠切成适当大小，放入沸水中煮约3分钟，煮熟捞起即可。

● 酸圆白菜沙拉 ●

材料：圆白菜150克、胡萝卜50克、水煮蛋1个、蛋黄酱1大匙、黄芥末籽酱1大匙
做法：

1. 胡萝卜洗净去皮切成1厘米厚片，放入沸水中汆烫，再放入洗净切好的圆白菜一起汆烫至熟，捞起冷却后切粗丝备用。
2. 将水煮蛋弄碎，加入做法1的材料中，再与蛋黄酱和黄芥末籽酱拌匀即可。

267 火腿蔬菜三明治

材料

全麦吐司…………2片
三明治火腿片……2片
小黄瓜……………1条
苜宿芽…………1/2盒
鸡蛋………………1个

调味料

奶油……………适量
市售蜂蜜芥末酱··适量

做法

1. 小黄瓜洗净切斜长片；鸡蛋煮成水煮蛋，剥壳切碎，拌入蜂蜜芥末酱，备用。
2. 全麦吐司去边，放入烤箱以中火略烤5分钟，再均匀涂上少量奶油。
3. 取一片抹好奶油的吐司，依次放上火腿片、小黄瓜片、苜宿芽，盖上另一片吐司后对切两半。
4. 在对切好的两组三明治中间，夹入做法1中拌好酱的水煮蛋碎即可。

268 潜水艇三明治

材料

法国面包…………2片
三明治火腿片……3片
芝士片……………2片
小黄瓜片…………4片
番茄片……………3片
生菜叶……………1片
鸡蛋………………1个
洋葱末…………20克

调味料

蛋黄酱…………2大匙
黄芥末酱………1大匙
奶油……………少许

做法

1. 鸡蛋先放入冷水中煮滚成水煮蛋，剥壳切碎后加入蛋黄酱、黄芥末酱及洋葱末搅拌均匀，即水煮蛋黄酱。
2. 法国面包放入烤箱以中火略烤5分钟后取出，趁热在其中一面均匀涂上少量奶油。
3. 取一片抹好奶油的法国面包，在涂有奶油面依次放上生菜叶、三明治火腿片、芝士片、小黄瓜片及番茄片。
4. 最后再放上水煮蛋黄酱，盖上另一片法国面包（涂有奶油面朝下）即可。

269 炭烤里脊三明治

材料

吐司 ……………… 3片
酥炸猪排 ………… 1片
小黄瓜 …………… 20克
番茄片 …………… 2片
生菜叶 …………… 1片
紫洋葱 …………… 10克

调味料

花生酱 ………… 1小匙

做法

1. 酥炸猪排放入炭烤炉上略烤备用。
2. 小黄瓜洗净、切片，放入碗中加入少许盐略抓，静置约5分钟至出水，倒出水分再以冷开水冲洗，沥干水分；生菜叶洗净，泡入冷开水中至变脆，捞出沥干水分；紫洋葱去皮，洗净后切丝，泡入冷开水中至变脆，捞出沥干水分，备用。
3. 吐司放入炭烤炉上略烤至表面金黄，用面包刀切除吐司边，每片分别单面抹上花生酱，备用。
4. 取一片吐司为底，依次放入生菜叶和番茄片，盖上另一片吐司，依次放入小黄瓜片、猪排和紫洋葱丝，盖上最后一片吐司，稍微压紧对切成两份即可。

● 酥炸猪排 ●

材料：猪里脊肉片150克、蛋液20克、红薯粉1大匙
调味料：酱油1/4小匙、细砂糖1/2小匙、胡椒粉1/4小匙
做法：
1. 猪里脊肉片以刀背略剁松，放入碗中加入酱油、细砂糖和胡椒粉拌匀腌渍约15分钟备用。
2. 取出腌好的肉片依次均匀沾上蛋液及红薯粉，放入约150℃的热油中油炸约5分钟至熟，捞出沥干油后放凉即可。

270 鸡蛋土豆沙拉三明治

材料

全麦吐司2片、水煮蛋1个、土豆50克、冷冻三色豆10克、生菜叶2片、紫洋葱圈4片

调味料

A.蛋黄酱1大匙、胡椒粉少许、盐少许
B.蛋黄酱1大匙

做法

1. 水煮蛋冷却后，去壳切碎放入大碗中；紫洋葱圈泡入冷开水中至变脆，捞出沥干，备用。
2. 冷冻三色豆烫熟；土豆洗净去皮切丁，烫熟后捞出沥干水分，取适量压成泥，和烫熟的三色豆一起放入做法1的碗中，加入调味料A拌匀成鸡蛋土豆沙拉。
3. 生菜叶洗净，泡入冷开水中至变脆，捞出沥干水分。
4. 全麦吐司放入烤箱以150℃略烤至呈金黄色，取出后分别单面抹上调味料B。
5. 取1片全麦吐司为底，依次放入生菜叶、鸡蛋土豆沙拉和紫洋葱圈，盖上另1片全麦吐司即可。

271 水煮鸡肉三明治

材料

法国面包1段、鸡胸肉300克、番茄片2片、红叶莴苣1片、生菜叶1片、苜蓿芽2克、色拉油1大匙

调味料

黑胡椒1/2大匙、蛋黄酱适量

做法

1. 鸡胸肉洗净，放入适量沸水中，锅中加入色拉油，以中火烫煮至沸腾，熄火加盖焖约15分钟，捞出沥干水分，均匀撒上黑胡椒抹匀，待冷却后切薄片备用。
2. 红叶莴苣、生菜叶洗净，泡入冷开水中至变脆，捞出沥干水分；苜蓿芽洗净沥干水分，备用。
3. 法国面包从中间切开但不切断，内面均匀抹上适量蛋黄酱，依次夹入做法2材料、鸡胸肉和番茄片即可。

272 传统润饼

材料

市售润饼皮5张、鸡蛋3个、熟红糖瘦肉片150克、碎萝卜干100克、胡萝卜丝100克、豆干丝200克、圆白菜丝200克、豆芽菜200克、蒜泥少许、花生糖粉适量、香菜叶适量、油2大匙

调味料

A.盐、水淀粉各少许
B.细砂糖、白胡椒粉各少许
C.酱油、白胡椒粉、细砂糖、盐各少许
D.水适量、盐少许
E.盐、细砂糖、白胡椒粉、鸡精、香油各少许
F.盐、细砂糖、白胡椒粉、鸡精、香油各少许
G.甜辣酱适量

做法

1. 鸡蛋打入碗中加入调味料A拌匀，煎成蛋皮后切丝备用。
2. 于锅中放入碎萝卜干开小火炒香，加入调味料B拌炒后盛出备用。
3. 另取锅，倒入1大匙油烧热，放入豆干丝，开小火炒至表面微干，再加入调味料C续炒至入味后盛出备用。
4. 于锅中再倒入少量油烧热，放入胡萝卜丝以小火炒至软，以调味料D拌炒后盛出备用。
5. 继续于锅中倒入少量油烧热，放入蒜泥以小火炒香，加入圆白菜丝转中火炒软，再加入调味料E拌炒后盛出备用。
6. 豆芽菜洗净，放入沸水中汆烫至熟，捞出沥干水分后放入大碗中，加入调味料F调味备用。
7. 取一张润饼皮摊平，在中间均匀撒上花生糖粉，并依次放入熟红糖瘦肉片和做法1～6的材料，淋上调味料G，再撒上少许香菜叶，最后将润饼皮包卷起，重复上述做法至润饼皮用完即可。

让润饼更美味的秘诀

◎ 内馅美味秘诀

秘诀1

将内馅水分炒干、沥干

　　包进润饼里的馅料一般都会选择水分含量没有那么高的蔬果或食材，但许多人偏好某些特定食材，所以若要包入汤汁较多的内馅，建议先将水分沥干或稍微炒干，以免内馅含水过多容易腐坏，也容易将饼皮弄破不好携带。

秘诀2

花生糖粉可以防潮

　　传统的润饼卷中大多会撒上花生糖粉，花生糖粉除了可以调味和提香以外，还可以吸收多余的水分，有防潮的作用。但花生糖本身不宜放太多，以免花生生油味影响风味。

秘诀3

汤汁多的内馅可以勾芡

　　瓜果或根茎类的蔬菜水分含量高，再加上调味料一起拌炒，内馅容易变得汤汤水水的不好包卷，这时除了稍微沥干水分外，也可以利用勾芡让汤汁变浓稠，使其不容易渗透过饼皮。

秘诀4

将较干的材料垫底

　　要想让内馅不弄破饼皮影响风味，不仅内馅的事前处理很重要，包卷上也有小技巧。在包卷的时候可将较干的食材先放上以垫底，再依次放入炒好的内馅，如此也可以让饼皮不容易软化破掉。

秘诀5

用两张饼皮包卷以防破裂

　　像润饼皮这类饼皮，常常不是因为包入太多或太湿的内馅破裂，而是因为润皮本身较薄易破。为防止破裂，可以一次使用两张，除了更好包卷外，还可以品尝出饼皮本身的香味。

◎ 饼皮美味秘诀 ·········

吃不完的饼皮可喷水保湿

　　当下没用完的饼皮常常会因放置不当，导致水分丧失干裂，下次再吃的时候已经不美味。这里教大家一个小诀窍：若是下一餐要使用，可以将吃不完的饼皮喷上少许干净的食用水，或是使用干净的湿布覆盖，等下一餐要食用时再取出。但若想隔几天再食用，记得将饼皮用塑料袋装好，放入冷冻库中，等要食用时，取出洒上少许水，微波加热即可。

148

273 韭黄虾仁润饼

材料
市售润饼皮·········4张
虾仁·············150克
韭黄段·········200克
黑木耳丝·········30克
竹笋丝·············50克
蛋皮丝·············50克
含糖花生粉·····适量
水淀粉·············少许
色拉油·············2大匙

腌料
盐·····················少许
白胡椒粉·········少许
米酒·············1小匙
淀粉·················少许

调味料
盐·····················少许
鸡精·················少许
白胡椒粉·········少许

做法
1. 虾仁洗净加入所有腌料腌渍10分钟。锅烧热，加入1大匙色拉油，放入腌好的虾仁炒熟后，取出备用。
2. 锅中再放入1大匙油，放入韭黄头、黑木耳丝和竹笋丝拌炒，再加入韭黄尾和所有调味料炒匀，再以水淀粉勾芡成内馅。
3. 取润饼皮铺在盘子上，撒上含糖花生粉和蛋皮丝，放上做法2的肉馅，再包卷起来，重复此做法直到材料用完即可。

274 黄瓜润饼

材料
市售润饼皮·········4张
黄瓜·············300克
虾米·················20克
蒜泥·················10克
蛋酥·················适量
黑豆干丝·······150克
五花肉片·······100克
含糖花生粉·······适量
油·················20毫升

调味料
盐·················1/4小匙
鸡精·············1/4小匙
白胡椒粉·········少许

做法
1. 黄瓜去头尾洗净切细丝；虾米洗净泡软，备用。
2. 锅烧热，倒入少许油，放入黑豆干丝炒香，再加入少许盐和白胡椒粉（材料外）炒至焦香；五花肉片放入滚水中烫熟，切丝，备用。
3. 锅中再加入适量油，放入蒜泥、虾米爆香，再放入黄瓜丝和所有调味料炒至入味即成内馅。
4. 取润饼皮铺于盘上，撒上含糖花生粉和蛋酥，再放上黑豆干丝、五花肉片和内馅，最后包卷起来，重复此做法直到材料用完即可。

275 红糟肉润饼

材料

市售润饼皮4张、五花肉300克、红薯粉适量、豆干片100克、豆芽100克、圆白菜丝150克、胡萝卜丝80克、蛋皮丝50克、含糖花生粉适量、油适量

腌料

红糖3大匙、细砂糖1小匙、米酒2大匙

调味料

盐1/2小匙、鸡精1/4小匙、酱油1小匙、白胡椒粉少许、香油少许

做法

1. 五花肉洗净对切，加入腌料腌一夜至入味，沾上红薯粉后静置15分钟，再放入热油锅炸至表面酥脆，取出切片备用。豆干片放入油锅炸至稍干，捞出沥油备用。
2. 另起锅热油，倒入炸好的豆干片，先放入酱油和白胡椒粉炒香，继续加入圆白菜丝、胡萝卜丝炒至干香，加一半的盐和鸡精炒匀盛起。
3. 豆芽洗净烫熟后沥干，加入剩余盐和香油拌匀。
4. 取润饼皮铺于盘上，撒上花生粉和蛋皮丝，再放上红糟肉片和做法2、做法3的材料，最后包卷起来，重复此做法直到材料用完即可。

276 卤肉润饼

材料

A. 市售润饼皮4张、五花肉块300克、韭菜段80克、白萝卜300克、虾米10克、豆干片100克、含糖花生粉适量、蛋皮丝50克、油50克

B. 姜片10克、葱段10克、蒜头10克、八角1粒、水300毫升、酱油50毫升、细砂糖1小匙、米酒1大匙

调味料

盐1/4小匙、鸡精1/4小匙、白胡椒粉少许

做法

1. 锅烧热，加适量油，放入五花肉块炒至油亮，再放入姜片、葱段和蒜头爆香，加入材料B中的其余材料，煮开后转小火炖煮1小时，盛出备用。
2. 另取锅烧热，加少许油，放入虾米爆香，放入去皮切丝的白萝卜炒软，加入所有调味料炒匀，盛起备用。
3. 将豆干片放入锅中，炒干后加入少许蒜片和盐（材料外）调味炒匀，盛出备用。
4. 韭菜段汆烫熟后沥干，加少许盐和香油（材料外）拌匀。
5. 取润饼皮铺于盘上，撒上花生粉和蛋皮丝，再放上五花肉块和豆干片、炒白萝卜丝和拌韭菜段，最后包卷起来，重复此做法直到材料用完即可。

277 炒面润饼

材料
市售润饼皮4张、油面300克、红葱头末20克、豆芽菜150克、韭菜段30克、茭白丝100克、胡萝卜丝25克、红糟肉片适量、熟鸡丝适量、豆干片100克、甜辣酱适量、蛋皮丝50克、含糖花生粉适量

调味料
A.酱油1/2大匙、水50毫升
B.盐1/4小匙、鸡精1/4小匙、白胡椒粉少许

做法
1. 热油锅，爆香红葱头末，加调味料A煮开，放油面炒至入味，盛出备用。
2. 豆干片放入锅中炒干后，加少许蒜片和盐（材料外）炒匀，放茭白丝和胡萝卜丝炒香，加调味料B炒匀盛起。
3. 润饼皮撒上含糖花生粉和蛋皮丝，放上做法1、做法2的材料，烫过的豆芽菜，韭菜段，红糟肉片和熟鸡丝，抹上少许甜辣酱包卷起来，重复此做法直到材料用完即可。

278 丝瓜润饼

材料
市售润饼皮4张、丝瓜1条、樱花虾30克、蛋丝适量、油炸豆皮3片、蒜泥适量、姜末适量、水淀粉少许、含糖花生粉适量、油50克

调味料
盐1/4小匙、鸡精1/4小匙、白胡椒粉少许

做法
1. 丝瓜去头尾、皮、瓜瓤，切条备用。
2. 锅烧热，倒入少许油，放入樱花虾炒香，加入少许盐和白胡椒粉（材料外）炒匀，盛出备用；再将油炸豆皮煎香切丝，撒上少许盐和白胡椒粉（材料外）拌匀，盛出备用。
3. 锅烧热，加入适量油，放入蒜泥和姜末爆香，再放入丝瓜条和所有调味料炒至入味，即成丝瓜馅料。
4. 取润饼皮铺于盘上，撒上花生粉，放上油炸豆皮丝、蛋丝、丝瓜馅料和樱花虾包卷起来，重复此做法直到材料用完即可。

279 蔬菜润饼

材料
市售润饼皮3张、芦笋（小支）6支、黄甜椒条60克、红甜椒条60克、山药条60克、苹果条50克、苜蓿芽70克

调味料
千岛沙拉酱适量

做法
1. 将芦笋、黄甜椒条、红甜椒条、山药条放入沸水中氽烫一下，捞出泡入冰水中至完全降温，再捞出沥干水分备用。
2. 将润饼皮摊平，先在中间放入适量的苜蓿芽，再加入做法1的材料和苹果条，最后淋上适量的千岛沙拉酱，包卷起来，重复上述做法至材料用完即可。

280 越南生春卷

材料

市售越南春卷皮10张、熟瘦肉片20片、白虾10尾、生菜叶10片、小黄瓜片50克、越南干米粉40克

调味料

鱼露1大匙、细砂糖1大匙、凉开水1大匙、白醋2小匙、红辣椒末15克、蒜泥10克

做法

1. 白虾去掉肠泥后，用竹签从尾端插入头部定型以防卷曲，烧滚1锅水，将白虾下锅煮约3分钟后取出泡凉，剥壳备用。
2. 越南干米粉用冷水浸泡20分钟至软后，入沸水汆烫1分钟，沥干备用。
3. 取1张干净棉布，浸湿后拧干铺于桌上，将越南春卷皮用凉开水浸湿后置于棉布上。
4. 在春卷皮上依次放入生菜叶1片，白虾1尾，适量熟瘦肉片、小黄瓜片、越南米粉，再卷起成春卷状，重复此做法至材料用完。
5. 将所有调味料混合成蘸酱，取春卷蘸食即可。

281 越式鸡丝春卷

材料

市售越南春卷皮3张、鸡胸肉1片、小黄瓜1条、红辣椒1/3条、香菜2根、豆芽20克

调味料

鱼露1大匙、花生碎1大匙、甜鸡酱3大匙、香菜末少许

做法

1. 将鸡胸肉放入冷水中以中火煮约5分钟，再盖上锅盖焖20分钟，放凉后撕成丝状；将所有调味料混合均匀，即成花生鱼露甜鸡酱，备用。
2. 将小黄瓜、红辣椒切丝；香菜取叶；豆芽汆烫过水，备用。
3. 将越式春卷皮放入冷水中，泡约5秒至软，捞起备用。
4. 将泡软的春卷皮摊平，铺上鸡肉丝、做法2的材料，淋入花生鱼露甜鸡酱，最后卷起切段即可。

282 翠绿春卷

材料

市售越南春卷皮3张、黄豆芽5克、苜蓿芽10克、甜玉米粒10克、香菜5克、胡萝卜丝5克、花生末1/2小匙

调味料

泰式甜鸡酱1大匙

做法

1. 用小火将越南春卷皮煎至金黄色，盛起备用；黄豆芽洗净，放入沸水中汆烫至熟，捞起备用。
2. 煎好的越南春卷皮铺平，在其下方的1/3处放上烫熟的黄豆芽、苜蓿芽、甜玉米粒、香菜、胡萝卜丝、花生末。
3. 再淋上泰式甜鸡酱，将上方1/3的春卷皮覆盖在内馅上，包住馅料卷起呈长条状，用刀斜切成段即可。

筋饼皮

材料
中筋面粉………500克
水………………300克
盐………………5克

做法
1. 将中筋面粉过筛入大盆中，加入盐稍微拌匀后，倒入水拌匀，再以双手揉约3分钟至匀后，用干净的湿毛巾或保鲜膜盖好，静置约2小时。
2. 将醒好的面团取出，揉至表面光滑，分成20等份，各擀成厚约0.1厘米的圆形面皮。
3. 平底锅烧热，放入圆形面皮，以小火将两面各干煎约30秒钟至表皮起泡盛起即可。

283 泡菜牛肉卷

材料
筋饼皮……………2张
生菜叶……………4片
韩式泡菜………200克
牛肉片…………200克
洋葱丝…………50克
油………………少许

调味料
蚝油……………1大匙
米酒……………1大匙
水………………2大匙

做法
1. 韩式泡菜与牛肉片切小片。锅烧热，倒入少许油，将洋葱丝下锅略爆香炒匀。
2. 再加入牛肉片下锅炒至松散，加入韩式泡菜片及所有调味料，以小火炒至汤汁收干后盛出。
3. 取1张筋饼皮摊平，铺上生菜叶后，取适量炒好的馅料放入饼中，再将饼卷起即可。

荷叶饼

材料
中筋面粉·····················300克
盐································3克
温水····················170毫升
（65~70℃）
色拉油·······················适量

做法
1. 将中筋面粉过筛入大盆中，加入盐稍微拌匀，再倒入温水以擀面棍或筷子拌匀。
2. 双手将做法1的材料揉约3分钟，用干净的湿毛巾或保鲜膜盖好，静置放凉醒约30分钟，取出揉至表面光滑。
3. 将面团分成20等份，单面抹上一层色拉油，再将抹油的一面两两相叠并压紧，以擀面棍擀成约15厘米直径的圆面片备用。
4. 平底锅烧热，放入做法3的材料以小火干烙至表面鼓起，最后将煎好的面饼撕开成2张即可。

284 合饼卷菜

材料
A.荷叶饼············2张
　油················少许
B.肉丝·············40克
　葱丝············10克
　蒜泥············10克
　青椒丝·········20克
　土豆丝·········40克
　黑木耳丝·····15克
　胡萝卜丝······20克

调味料
盐················1/2小匙
细砂糖············1小匙
白胡椒粉······1/4小匙
市售高汤······50毫升

做法
1. 锅烧热，倒入少许油，依次将材料B下锅略爆香翻炒炒匀。
2. 再加入所有调味料，以小火炒至汤汁收干后盛出。
3. 取1张荷叶饼摊平，将做法2炒好的馅料取适量放入饼中，卷起即可。

Tips.美味加分关键
在家制作荷叶饼时一般都是两片粘在一起，煎好后用力一摔，再撕开就变成2张饼，简单方便。

285 牛肉卷饼

材料

市售葱油饼……… 10张
葱……………… 10根
卤牛腱肉…………1个

调味料

甜面酱 …………150克

做法

1. 葱洗净切段；卤牛腱肉切片，备用。
2. 将葱油饼摊平，抹上适量（约1小匙）甜面酱，再放入卤牛腱肉片与葱段，卷起切段即可。

286 叉烧肉河粉卷

材料

市售河粉皮……………… 2张
市售叉烧肉片 …………80克
洋葱丝 ………………50克
小黄瓜丝 ……………50克
红甜椒丝 ……………50克
黄甜椒丝 ……………50克

调味料

甜辣酱 …………适量

做法

1. 取一寿司帘，铺上一张河粉皮。
2. 河粉皮上先涂一层甜辣酱，依次铺上叉烧肉片、洋葱丝、小黄瓜丝、红甜椒丝、黄甜椒丝，再卷成寿司状。
3. 将河粉卷用铝箔纸包起，放入烤箱以中火略烤5分钟，取出放凉后切段即可。

287 培根沙拉河粉卷

材料

A. 市售河粉皮1张、培根2片、生菜叶2片、红甜椒适量、青椒适量
B. 水煮蛋6个、盐1/3小匙、蛋黄酱适量

做法

1. 生菜叶洗净撕小片、沥干；红甜椒、青椒洗净切丝，备用。
2. 取一碗，先放入4个切丁的蛋白，将6个蛋黄压碎加入，再加入盐及蛋黄酱拌匀，即成蛋沙拉。
3. 将烤箱以180℃预热10分钟后，放入培根，烤至边缘略焦，逼出油脂，即可取出备用。
4. 在保鲜膜上放上展开的河粉皮，于饼皮中间偏下方处依次放入生菜片、蛋沙拉、烤培根、红甜椒丝和青椒丝，最后将河粉皮卷起切段即可。

288 法式乡村面包沙拉

材料
生菜 ·············· 100克
紫甘蓝 ·············· 50克
乡村面包 ············· 2片

调味料
法式油醋汁 ····· 3大匙

做法
1. 生菜、紫甘蓝洗净，沥干水分并切片；乡村面包略烤热，备用。
2. 先将烤过的乡村面包放1片在盘中，再将生菜片、紫甘蓝片放在面包上，淋上法式油醋汁，最后放上另1片面包即可。

● 法式油醋汁 ●
材料：白酒醋60毫升、第戎芥末酱10克、盐适量、胡椒粉适量、橄榄油180毫升
做法：取碗，放入白酒醋及适量的盐、胡椒粉拌匀，加入第戎芥末酱后，慢慢倒入橄榄油，至白醋汁变稠后，搅拌均匀即可。

289 意式火腿沙拉

材料
火腿片100克、法国面包2片、生菜50克、紫莴苣20克、豆芽5克、苜蓿芽5克、红甜椒10克

调味料
意大利陈年香料酱3大匙

做法
1. 生菜、紫莴苣、豆芽、苜蓿芽、红甜椒洗净，沥干水分；将法国面包片放入烤箱中略烤至上色，备用。
2. 将烤过的法国面包片放在盘中。
3. 将火腿片卷上紫莴苣、豆芽、苜蓿芽、红甜椒，放在面包上。
4. 再淋上加热过的意大利陈年香料酱即可。

● 意大利陈年香料酱 ●
材料：意大利陈年酒醋60毫升、百里香叶少许、橄榄油180毫升、盐适量、胡椒粉适量
做法：取平底锅小火加热后，先加入意大利陈年酒醋，适量的盐、胡椒粉，百里香叶略煮一下，再加入橄榄油煮10~20秒即可。

290 什锦水果沙拉

材料
苹果 ·················· 1/2个
莲雾 ·················· 2个
猕猴桃 ·············· 1个
杧果 ·············· 1/2个

调味料
什锦水果沙拉酱适量

做法
1. 取1碗冷开水加上少许醋（材料外），备用。
2. 苹果去皮去籽，洗净切小块，莲雾去籽，洗净切小块，皆泡入做法1的醋中备用。
3. 猕猴桃去皮切块；杧果去皮去籽切块，备用。
4. 将苹果块和莲雾块捞出沥干，并摆盘，再放入猕猴桃块及芒果块，最后淋上什锦水果沙拉酱即可。

● 什锦水果沙拉酱 ●

材料：柠檬汁1大匙、细砂糖1大匙、原味酸奶3大匙、蛋黄酱2大匙、橙橘酒1小匙
做法：取碗，放入柠檬汁及细砂糖，搅拌至细砂糖溶化，依次加入原味酸奶、蛋黄酱及橙橘酒拌匀即可。

291 南瓜水果沙拉

材料
哈密瓜 ············ 1/4个
苹果 ··············· 1/4个
罐头水蜜桃 ······ 1/4个
草莓 ················· 10个
橄榄油 ············ 1小匙

调味料
香甜南瓜酱 ······· 适量

做法
1. 将哈密瓜、苹果、水蜜桃洗净，切块备用。
2. 草莓去蒂，洗净备用。
3. 取一平底锅，放入1小匙橄榄油烧热后，放入做法1的水果块略煎1分钟。
4. 将水果块盛起、摆盘，摆入草莓，淋上香甜南瓜酱即可。

● 香甜南瓜酱 ●

材料：南瓜1/4个、开水2大匙、果糖1小匙、白酒醋1小匙
做法：南瓜去皮，蒸熟压成泥，取2大匙南瓜泥加开水调开，拌入果糖、白酒醋后以微波炉大火加热1分钟即可。

292 意式水果醋沙拉

材料
胡萝卜1/4条、甜豆荚少许、圣女果少许、鸿禧菇适量、珊瑚菇适量、意式香肠1条、酸豆少许

调味料
水果醋沙拉酱适量

做法
1. 胡萝卜去皮，洗净切条；甜豆荚去头尾，洗净；圣女果洗净；鸿禧菇、珊瑚菇洗净，备用。
2. 煮一锅水至滚沸，依次将胡萝卜条、甜豆荚、鸿禧菇、珊瑚菇及意式香肠放入锅中烫熟，捞出沥干水分，待凉备用。
3. 将意式香肠切小块，备用。
4. 取一容器，放入所有材料及水果醋沙拉酱拌匀即可。

● 水果醋沙拉酱 ●
材料：白酒醋2大匙、细砂糖1大匙、橙橘酒1小匙、百香果汁1大匙、苹果末2大匙
做法：取碗，将所有材料放入，混合搅拌均匀即可。

293 须苣沙拉

材料
须苣	1棵
鸡蛋	1个
培根	1片
土豆	1/4个
红甜椒丁	5克

调味料
芥末油醋汁……适量

做法
1. 须苣洗净沥干，切段；培根切成细末状，备用。
2. 鸡蛋煮熟后切成圆片；土豆煮熟切成小方丁，备用。
3. 将做法1、做法2所有备妥的材料放在沙拉盘内，淋上芥末油醋汁，再放入红甜椒丁装饰即可。

● 芥末油醋汁 ●
材料：法式油醋汁260毫升、法式芥末酱40克、洋葱末30克、柠檬皮10克、蒜泥10克
做法：将柠檬皮研磨成粉末状后，与其余材料一起混合搅拌均匀即可。

294 都会时蔬沙拉

材料
圣女果5个、小黄瓜1/2条、豆苗少许、杏鲍菇1个、胡萝卜1/4条、甜豆荚少许

调味料
香草醋意酱适量

做法

1. 将圣女果、小黄瓜、豆苗分别洗净，再将小黄瓜洗净切块，备用。
2. 杏鲍菇洗净切片，胡萝卜洗净切块，甜豆荚洗净去老丝，分别汆烫熟备用。
3. 取一容器，装入做法1、做法2的材料，搭配香草醋意酱醮食即可。

● 香草醋意酱 ●

材料：迷迭香醋5大匙、比萨草1大匙、果糖1大匙
做法：取瓶，将所有材料放入瓶中加盖密封，置于室温下浸泡约2天后即可食用。

295 凉拌粑粑丝沙拉

材料
粑粑丝1人份、小黄瓜1/3条、去衣炒花生1大匙、胡萝卜丝少许、香菜少许

调味料
粑粑丝酱适量

做法

1. 小黄瓜洗净切丝；炒花生拍碎，备用。
2. 将粑粑丝与粑粑丝酱拌匀。
3. 撒上小黄瓜丝、花生碎及胡萝卜丝，最后摆上少许香菜即可。

● 粑粑丝酱 ●

材料：细砂糖2大匙、开水4大匙、米醋2大匙、红油1大匙、泰式鱼露1大匙、熟白芝麻1大匙
做法：取碗，放入开水及细砂糖，搅拌至细砂糖溶化，再加入红油、米醋及泰式鱼露拌匀，最后加入熟白芝麻搅拌均匀即可。

296 酸辣海鲜沙拉

材料
墨鱼1尾、旗鱼1块、鲜虾10尾、小黄瓜1/2条、圣女果少许、香菜少许

调味料
红油3大匙、水5大匙、辣椒粉1大匙、南姜末1大匙、香茅白5小段、柠檬叶5片、椰子糖1大匙、盐1小匙、柠檬汁

做法
1. 将上述调味料（柠檬汁除外）以小火煮至滚沸，加入柠檬汁拌匀后熄火，滤除杂质，即为酸辣海鲜酱，备用。
2. 墨鱼洗净切小段；旗鱼洗净切小块；鲜虾去肠泥后洗净；小黄瓜洗净切条，备用。
3. 将做法2的材料依次放入滚水中烫熟，再放入冰开水中，待凉后捞起沥干，备用。
4. 将做法3的材料、对切的圣女果和酸辣海鲜酱拌匀，最后摆上香菜即可。

297 越南河粉沙拉

材料
河粉1人份、豆芽少许、胡萝卜丝少许、小黄瓜丝少许、罗勒碎少许、圣女果少许、虾酱1大匙、花生碎1大匙

调味料
细砂糖1.5大匙、开水2大匙、蒜泥15克、米醋3大匙、泰式鱼露2大匙

做法
1. 先将开水及细砂糖混合，搅拌至细砂糖溶化后依次加入米醋、泰式鱼露和蒜泥搅拌均匀，即成越南凉面酱，备用；豆芽洗净烫熟，泡入冰水中待凉备用。
2. 将河粉、豆芽、胡萝卜丝、小黄瓜丝、对切的圣女果、罗勒碎、适量越南凉面酱、虾酱及花生碎拌匀即可。

298 甜桃鲜虾沙拉

材料
草虾仁200克、甜豆块30克

调味料
甜桃油醋酱2大匙

做法
1. 煮一锅水至沸，将草虾仁和甜豆块放入沸水中烫熟，捞起沥干，放凉备用。
2. 将甜桃油醋酱加入做法1的材料中拌匀即可。

● 甜桃油醋酱 ●
材料：甜桃200克、意大利综合香料1/4小匙、柠檬汁20毫升、橄榄油1/2小匙、盐1/4小匙、黑胡椒末1/4小匙
做法：将甜桃洗净沥干，去核后切成小丁，加入其余材料拌匀即可。

299 鸡丝拉皮

材料
鸡胸肉1/4副、凉粉皮3张、小黄瓜1条、葱1根

调味料
芝麻酱1大匙、酱油2大匙、陈醋1小匙、香油2大匙、细砂糖1小匙、盐1/4小匙、蒜泥1小匙、姜末1/4小匙

做法
1. 鸡胸肉放入沸水中煮熟，放凉剥丝；凉粉皮切丝，以冷开水冲洗，沥干备用。
2. 小黄瓜洗净刨丝，浸泡冷水后沥干；葱切成丝，备用。
3. 所有调味料混合调匀备用。
4. 取一盘，依顺序叠上凉粉皮丝、小黄瓜丝、葱丝、鸡丝，再淋上调匀的调味料即可。

300 芝麻拌牛蒡丝

材料
牛蒡1条、白芝麻1大匙

调味料
盐少许、淡色酱油1大匙、白醋1/2大匙、陈醋1小匙、细砂糖1小匙、香油1大匙

做法
1. 取一干锅，放入白芝麻以小火炒香，备用。
2. 牛蒡洗净，去皮后切丝，泡水备用。
3. 将牛蒡丝放入沸水中氽烫熟后捞出，放入冰水中，泡凉备用。
4. 沥干牛蒡丝，并加入所有调味料搅拌均匀，最后撒上白芝麻即可。
注：做法2泡牛蒡的水中可加入几滴白醋，以防牛蒡丝变色。

301 香油小黄瓜

材料
小黄瓜 ……………… 2条
红辣椒 ……………… 1根
蒜头 ……………… 2个

调味料
盐 ……………… 1/2小匙
细砂糖 ……………… 1/2匙
白醋 ……………… 1小匙
香油 ……………… 1.5大匙

做法
1. 小黄瓜洗净去头尾；红辣椒切粒；蒜头切碎，备用。
2. 小黄瓜以刀身略拍打至稍裂后，切长条状备用。
3. 取深碗，放入小黄瓜，抓盐（材料外）后，放入红辣椒粒、蒜头碎。
4. 倒入所有调味料拌匀，放置30分钟入味后即可。

302 黄瓜海蜇皮

材料

海蜇皮300克、小黄瓜250克、蒜泥15克、红辣椒片15克

调味料

盐1/4小匙、细砂糖1小匙、白醋1小匙、香油少许

做法

1. 先将海蜇皮泡入冷水中约50分钟，还原后再洗净沥干，放入滚水中略微汆烫，捞出后泡冰水备用。
2. 将小黄瓜洗净切丝，加入1/2小匙盐（材料外）拌匀，静置约5分钟后再揉出多余水分备用。
3. 把海蜇皮、小黄瓜丝放入容器中，加入蒜泥、红辣椒片和所有调味料混合拌匀，装入保鲜盒中盖紧，放入冰箱冷藏至入味后即可。

303 毛豆拌花生

材料

毛豆	100克
花生仁	300克
蒜泥	10克

调味料

盐	1/2小匙
细砂糖	少许
鸡精	少许
香油	1大匙

做法

1. 毛豆放入沸水中汆烫2分钟，烫熟后捞出泡冰水；花生仁放入沸水中略微汆烫后捞出沥干，备用。
2. 将汆烫过的花生仁，加入蒜泥与所有调味料拌匀，再放入汆烫过的毛豆拌匀即可。

304 芝麻拌海带芽

材料

海带芽	150克
蒜泥	5克
姜丝	10克
熟白芝麻	适量

调味料

素蚝油	1小匙
盐	少许
细砂糖	1小匙
白醋	1小匙
香油	1大匙

做法

1. 海带芽放入沸水中略微汆烫后捞出，再放入冰水中洗一下，捞出沥干。
2. 将汆烫后的海带芽与蒜泥、姜丝及所有调味料拌匀，再加入熟白芝麻拌匀，放入冰箱冷藏至入味即可。

305 辣拌茄子

材料
茄子2条

调味料
蒜泥5克、姜末5克、红辣椒末5克、酱油膏3大匙、陈醋1小匙、细砂糖1/2小匙、香油1小匙、辣椒酱1小匙

做法
1. 将所有的调味料混合拌匀，即为辣味酱，备用。
2. 茄子洗净，去头部。
3. 将茄子放入沸水中，氽烫至茄子软后，再捞出放入冰水中泡凉备用。
4. 沥干茄子、切段，淋上辣味酱拌匀即可。

306 香卤毛豆

材料
毛豆……………300克
八角……………2粒

调味料
盐………………1/2小匙
粗黑胡椒粉………少许
香油………………少许

做法
1. 先将毛豆洗净，备用。
2. 煮一锅水至滚，放入八角、盐和毛豆煮5分钟，再捞出沥干水分。
3. 于毛豆中加入粗黑胡椒粉和香油充分拌匀，等完全冷却后放入冰箱中冷藏至冰凉即可。

307 凉拌大头菜

材料
大头菜……………1棵
蒜泥………………10克
红辣椒末…………10克
香菜………………适量

调味料
盐…………………1/2小匙
细砂糖……………1小匙
白醋………………1小匙
白荫油……………1大匙
辣椒酱……………1小匙
香油………………1小匙

做法
1. 大头菜洗净去皮切薄片，加入少许盐（材料外）略拌均匀，待软后搓揉一下，以冷开水冲洗沥干。
2. 取一容器，放入大头菜，加入蒜泥、红辣椒末、所有调味料（香油除外）拌匀，腌渍约20分钟。
3. 再加入香菜及香油拌匀即可。

308 辣拌素鸡

材料

素鸡·················5条
姜泥·················10克

调味料

辣椒酱············2大匙
淡酱油············1大匙
盐·····················少许
细砂糖············1/2小匙
陈醋·················少许
辣油·················1/2大匙
香油·················1小匙

做法

1. 素鸡洗净、切片，放入沸水中略微汆烫后，捞出沥干备用。
2. 将素鸡片加入姜泥及所有调味料拌匀即可。

309 脆菜心

材料

西蓝花心········600克
黄豆酱············60克

调味料

盐·····················1大匙
细砂糖············1大匙
米酒·················1小匙

做法

1. 西蓝花心去皮加入盐拌匀，腌渍3小时后，再用重物压一晚上。
2. 将腌西蓝花心切片，加入细砂糖、米酒拌匀后，再放入黄豆酱拌匀，腌至入味即可。

310 三色蛋

材料

皮蛋2个、熟咸蛋2个、鸡蛋5个

调味料

A.米酒1大匙、水2大匙、细砂糖少许
B.米酒1小匙、盐少许

做法

1. 皮蛋煮熟待凉备用。
2. 皮蛋、熟咸蛋去壳，切块备用。
3. 鸡蛋去壳后将蛋清、蛋黄分开装，蛋清加入调味料A轻轻混合拌匀，蛋黄加入调味料B混合拌匀。
4. 取一容器，先放入皮蛋、咸蛋，再倒入蛋清，放入电饭锅中蒸至定型，再淋上蛋黄，继续蒸至熟。
5. 待做法4的材料冷却后，以保鲜膜封紧容器口，放入冰箱冷藏，食用时取出切片即可。

311 辣炒酸菜

材料
酸菜 …………… 300克
姜 ………………… 20克
红辣椒 ………… 40克
色拉油 ………… 4大匙

调味料
细砂糖 ………… 5大匙

做法
1. 酸菜剥成片，以清水冲洗干净，沥干水分后切粗丝，备用。
2. 红辣椒洗净切丝；姜去皮切碎，备用。
3. 热锅，倒入约4大匙色拉油烧热，放入红辣椒丝及姜碎以小火爆香，再加入酸菜丝及细砂糖，转中火翻炒约3分钟至水分完全收干即可。

312 辣椒萝卜干

材料
萝卜干200克、豆豉50克、红辣椒50克、蒜仁70克、色拉油4大匙

调味料
盐1/2小匙、细砂糖3大匙

做法
1. 萝卜干以水冲洗干净，沥干水分后切碎，备用。
2. 豆豉以水略冲洗过，沥干水分；红辣椒及蒜仁洗净切碎，备用。
3. 热锅，放入萝卜干碎，以小火干炒约3分钟，待水分略干且散发出香味，盛出备用。
4. 继续于锅中倒入约4大匙色拉油烧热，放入豆豉及红辣椒碎、蒜碎，以小火爆香，接着放入萝卜干碎，持续以小火炒约1分钟，最后加入盐、细砂糖炒约2分钟即可。

313 五香小豆干

材料
小豆干900克、色拉油60毫升、水150毫升

香料
桂皮5克、月桂叶3片、八角2粒、胡椒粒10克、干辣椒3根

调味料
酱油80毫升、细砂糖60克、盐少许、米酒1大匙

做法
1. 将小豆干放入沸水中煮约2分钟，再捞起沥干，备用。
2. 热锅，加入色拉油与所有香料、调味料、水煮至均匀。
3. 继续于锅中加入小豆干，用小火慢慢卤至汤汁收干即可。

Dinner

丰盛晚餐篇

好好吃一顿晚餐，赶走一天的辛劳！
忙碌一整天，
坐在餐桌前好好享用丰盛的晚餐，
最能让你忘却疲劳。
下班如何短时间内将丰盛美食端上桌？
本篇将告诉你188道晚餐如何快速准备，
马上就能上桌！

食材分类保鲜处理

◎冷冻蔬菜保存法

蔬菜、水果也可以冷冻保鲜。把蔬果事先冷冻起来，就不怕年节、天气不好时菜价上涨买不到菜。至于常用到的油豆腐，如果直接放入冷冻库冷藏，就错啦！让我们来告诉你正确的做法。

妙招 1 三角油豆腐保存法

Step1.沸水汆烫

取一锅，放入适量的水煮沸，将三角油豆腐放入，略微汆烫后，即可取出，以去除油渍及异味。

Step2.压除水分

将三角油豆腐中的水分压干，以免冷冻后结霜。

Step3.切小块状

将冷却后的三角油豆腐切成要使用的大小，放入密封袋中铺平，贴上日期标签、放入冷冻库中。

妙招 2 彩椒保存法

Step1.去籽

将彩椒洗干净，沥干后，去除内部的籽。

Step2.切小块

切成适当大小即可。

小叮咛　将彩椒切成适当大小，切成条状或丁状都可以，只要不要切太大块。

妙招 3 甜豆保存法

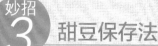

Step1.去丝

将甜豆洗净沥干后，去除两边的粗纤维。

Step2.铺平

放入密封袋中铺平，贴上标签，放入冷冻库中。

小叮咛　番茄、黑木耳、青葱、菇类等食材都可以冷冻，只要掌握洗净、沥干、去籽、去皮、切成适当块状的步骤即可。

加快菜肴料理便利性

◎ 冷冻海鲜保存法

一般人很少会把海鲜放进冷冻库冷藏，买到的海鲜都会尽快吃完。在这里为大家介绍几种海鲜保鲜法，再也不用担心吃到不新鲜的海鲜了。

蚬保存法

Step1.吐沙

市面上贩卖的贝类都事先吐过沙，为了确保其吐沙完全，买回家中后，最好再放入水中使其吐沙30分钟。

Step2.清洗

用清水洗净，捞起沥干。

Step3.冷冻

放入保鲜盒中，并贴上标有品名及日期的标签，以免忘记。

小叮咛 所有的贝类都可以用这种方式保鲜处理，只是吐沙时，海边养殖的海瓜子、蛤蜊等贝类，可加入少许盐，会使其吐得更干净。

带壳鲜虾保存法

Step1.去肠泥

去除鲜虾背脊上的肠泥。

Step2.剪须

将头部的须脚及尖端尖处剪除。

Step3.加水

加入盖过虾表面的水，以保持虾肉里的水分，然后放入冷冻库冷藏，并在保鲜盒的表面贴上标签。

 料理前，只要事先拿出来解冻就可以了。

去壳鲜虾保存法

Step1.去肠泥

去除鲜虾背脊上的肠泥。

Step2.去头和壳

将虾头、虾壳去除掉，尾巴最后一段的壳可以保留，烹调时更美观。

Step3.沥干

把去壳的虾沥干，用餐巾纸将表面的水分吸干后，平放在密封袋中，贴上标签，再放入冰箱冷冻。

 去壳的虾肉就是虾仁，料理时不用解冻就可以直接烹调。

◎冷冻肉类保存法

冷冻过的肉常常粘成一团，料理起来很不方便。下面介绍3种不同的肉类保存法，让你料理起来顺手又方便！

妙招 1 鸡肉保存法

Step1.酒水去腥

将水和米酒以100：15的比例混合均匀成酒水。用酒水直接清洗鸡肉，以去除腥味。

Step2.腌渍切块

在装鸡肉的容器中放入酱油1.5小匙，米酒1小匙，细砂糖、香油、姜泥各1/2小匙等调味料，用手抓匀，并切成一口大小。

Step3.密封冷冻

将切块的鸡肉平铺于密封袋中，放入冰冻库。

妙招 2 肉片保存法

Step1.包好肉片

取一保鲜膜，撕下适当的长度，平铺在砧板上，将肉片放在保鲜膜上完整包好。包入的肉片数量由每次使用量及使用方式决定。

Step2.密封肉片

将包好的肉片放入原先存放肉片的保鲜盒中，再用保鲜膜包好。

 各种肉片都可以用这种方式保存。冷冻过的肉片可直接用来炒、煎、涮火锅。

妙招 3 肉泥保存法

Step1.抓肉

依肉泥的分量加入1%的盐（200克的肉泥需放2克的盐，以此类推），用手抓到肉泥呈胶泥状。

Step2.调味抓匀

在肉泥中加入水1大匙，酱油、米酒1小匙，细砂糖、香油及姜泥各1/2小匙调味，用手抓匀后，抓成丸子状。

Step3.冷冻

将丸子状的肉泥，先压平，中间处再压一下，烹调时才不会凸起。将处理好的肉泥放入保鲜盒，并在表面贴上标签，即可放入冷藏。

 调过味的肉泥可以做成丸子冷冻，直接用来红烧、煮汤，压平后冷冻，则可当迷你堡煎来吃。

方便的冷冻高汤块

◎ 鸡高汤冷冻块

材料
鸡骨1副、洋葱1个、水3500毫升

做法
1. 鸡骨用水洗净后，放入沸水中汆烫。
2. 捞出放至流动水中冲洗干净备用。
3. 洋葱去膜切小块备用。
4. 取汤锅加水，放入鸡骨及洋葱，以中大火煮沸，再转小火煮2～3小时。
5. 汤勺捞去浮渣，煮好后再滤去浮油和汤料。
6. 放置冷却后，倒入制冰盒中，放入冰箱冷冻库冰冻即可。

注：通常煮高汤都不会盖上锅盖，因为加盖煮容易使汤变混浊。

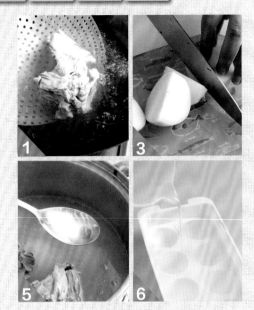

煮高汤的小秘诀

鸡骨高汤是高汤类的基本品，鸡骨也可换成猪大骨或是牛骨，但腥味较重需加入姜片来去腥，若不喜欢姜片味道，可改加洋葱，更增添清甜滋味。

◎ 蔬菜高汤冷冻块

材料
圆白菜200克、胡萝卜100克、洋葱1个、番茄1个、水3500毫升

做法
1. 将圆白菜、胡萝卜和洋葱分别洗净沥干水分，切小块状备用。
2. 取一汤锅，加水，放入做法1的食材，以中大火煮沸，转小火煮2～3小时，取出锅中的食材，并过滤掉高汤中的浮渣。
3. 放置冷却后，倒入制冰盒中，放入冰箱冷冻库冰冻即可。

◎ 紫苏叶冷冻块

材料
紫苏叶30克、水1大匙

做法
1. 紫苏叶洗净沥干水分后，和水一起放入食物处理机中绞碎。
2. 将做法1的材料倒入制冰盒中，放入冰箱冷冻库冰冻即可。

注：紫苏叶加水或油皆可，主要目的是为了让绞碎后的叶片汁液不要过于浓稠。

大小容器都可用

可依照每次的使用量，利用各种大小不同的容器。如果是要拿来煮汤，可用大一点容器装，但若是保存用量较少的香草类，用制冰盒较适当。

314 椒麻鸡

材料
去骨鸡腿排 ··············1块
红薯粉 ··············1/2碗

腌料
姜碎 ··············20克
葱碎 ··············1/2根
盐 ··············1/4小匙
五香粉 ··············1/8小匙
蛋液 ··············1大匙

调味料
香菜碎 ··············1小匙
蒜泥 ··············1/2小匙
红辣椒末 ··············1/2小匙
白醋 ··············2小匙
陈醋 ··············2小匙
细砂糖 ··············1大匙
酱油 ··············1大匙
凉开水 ··············1大匙
香油 ··············1/2小匙

做法
1. 去骨鸡腿排切去多余脂肪，加入所有腌料拌匀，静置约30分钟，取出均匀沾裹上红薯粉，备用。
2. 热油锅，放入鸡腿排以小火炸约4分钟，再转大火炸约1分钟，捞起沥干油分，切块置盘，备用。
3. 将所有调味料混合均匀，淋在炸鸡排上即可。

315 葱油鸡

材料

土鸡·············1300克
葱段··············10克
姜片···············3片
葱丝··············15克
红辣椒丝···········5克
油·················3大匙

调味料

盐················2小匙
米酒··············1大匙

做法

1. 土鸡洗净放入沸水中汆烫去除血水，取出沥干备用。
2. 取一锅水煮沸后，放入葱段、姜片、米酒与土鸡，以大火煮至沸腾后，转小火盖上锅盖继续煮20分钟，熄火后再焖15分钟。
3. 将煮好的土鸡取出，均匀抹上盐，放凉后剁块盛盘，再放上葱丝、红辣椒丝，备用。
4. 热锅，倒入3大匙油烧热后，将油淋在土鸡上即可。

316 白斩鸡

材料

土鸡················1只
（约1500克）
姜片···············3片
葱段··············10克

调味料

A.素蚝油·······50毫升
 酱油膏···········少许
 细砂糖···········少许
 香油············少许
 蒜泥············少许
 辣椒末···········少许
B.米酒···········1大匙

做法

1. 土鸡洗净沥干后，放入沸水中汆烫，再捞出沥干，重复上述动作3～4次后，取出沥干备用。
2. 将做法1的鸡放入装有冰块的盆中，待整只鸡外皮冰镇冷却后，再放回原锅中，加入米酒、姜片及葱段，以中火煮约15分钟后熄火，盖上锅盖焖约30分钟。
3. 取做法2中150毫升的鸡汤，加入调味料A调匀，即为白斩鸡蘸酱。
4. 将鸡取出，待凉后剁块盛盘，食用时搭配白斩鸡蘸酱即可。

317 左宗棠鸡

材料
鸡腿肉230克、红辣椒4根、蒜泥1小匙

调味料
A.酱油1大匙、鸡蛋1个、淀粉1大匙
B.酱油1.5大匙、番茄酱1大匙、白醋1小匙、细砂糖1.5小匙、米酒1小匙、水1大匙、淀粉1/2小匙

做法
1. 鸡腿肉洗净沥干平均切成小块，加入调味料A的酱油、鸡蛋抓匀，再加入淀粉拌匀，备用。
2. 红辣椒洗净，对剖再切半；调味料B与蒜泥调匀成兑汁，备用。
3. 热锅，倒入约500毫升色拉油（材料外），待油温热至约160℃，放入鸡腿肉块，以大火炸约2分钟至表面微干焦后，捞起沥油。
4. 锅中留约2大匙的油，加入红辣椒，以小火煎至略焦，再加入炸鸡腿块，转大火快炒5秒后，边翻炒边将兑汁淋入锅中炒匀即可。

318 椰汁咖喱鸡

材料
仿土鸡肉	200克
洋葱片	30克
香茅	2根
柠檬叶	2片
水	100毫升
椰汁	1/2罐
油	1小匙

调味料
红咖喱酱	1小匙
盐	1.5小匙
细砂糖	1/2小匙

做法
1. 鸡肉洗净剁小块，放入沸水中汆烫去血水，再捞出洗净，备用。
2. 热锅，加入1小匙油，放入红咖喱酱以小火炒香，再加入鸡肉块炒约2分钟。
3. 于锅中继续加入水、盐、细砂糖、香茅、柠檬叶，煮约5分钟，接着加入椰汁煮约10分钟，最后加入洋葱片煮约2分钟即可。

319 道口烧鸡

材料
市售烤鸡1/2只、小黄瓜1条、香菜少许

调味料
蒜泥1小匙、红辣椒末1/2小匙、白醋2大匙、醋1小匙、细砂糖2小匙、酱油1大匙、香油1小匙、花椒油1/2小匙

做法
1. 小黄瓜洗净切丝，泡入冷水中复脆，再捞起沥干盛入盘底，备用。
2. 市售烤鸡待凉后去骨、切粗条，放在做法1的盘上。
3. 将所有调味料拌匀，淋在盘中鸡肉上，最后再加入香菜即可。

320 蒜头鸡

材料
白斩鸡	1/2只
蒜头	50克
油	3大匙
水	60毫升
香菜	1大匙

调味料
盐	1/4小匙
酱油	1大匙
细砂糖	1小匙

做法
1. 白斩鸡剁块后，盛入盘中。
2. 蒜头洗净切末，冲水3分钟后沥干。
3. 取锅，加入3大匙油烧热至120℃，放入蒜末，以小火炸至金黄色，捞起沥油备用。
4. 将水、所有调味料和金黄蒜泥及1大匙蒜油煮沸，淋在鸡肉上，再放上香菜装饰即可。
注：白斩鸡做法参见P173。

321 玫瑰油鸡

材料
仿土鸡腿1只、鸡骨架3个、姜30克、葱2根、市售卤包1个、水500毫升、香菜少许

调味料
酱油100毫升、细砂糖80克、绍兴酒100毫升、盐5克

做法
1. 仿土鸡腿及鸡骨架，以沸水氽烫去除血水后，洗净备用。
2. 取一锅加入水、姜、葱、市售卤包及所有调味料，以大火煮约20分钟，使卤包味道散出。
3. 放入仿土鸡腿、鸡骨架，转小火煮约5分钟后，熄火盖锅盖焖约15分钟。随后捞出，切块盛盘，以香菜装饰即可。

322 香油鸡

材料

土鸡肉块········900克
老姜片·········100克
香油·············50克
米酒·············1瓶
热水·········800毫升

调味料

盐·············1/4小匙
鸡精··········1/2小匙

做法

1. 土鸡肉块洗净，放入钢盆中，冲入热水（材料外），翻拌一下后马上捞出，再次中洗干净备用。
2. 热锅倒入香油以小火烧热，放入老姜片小火爆香至颜色变深且卷曲。
3. 放入土鸡肉块炒至半熟，倒入米酒翻炒至再次沸腾，再倒入热水煮约20分钟，最后加入调味料拌匀即可。

323 烧酒鸡

材料

仿土鸡1/2只、葱1根、姜片10片、烧酒鸡卤包袋1个、红枣4颗、橄榄1颗、黑枣3颗、枸杞子6克、水800毫升

卤料

川芎6克、八角2粒、花椒6克、甘草2片、党参9克、桂皮6克、山柰6克、熟地6克、黄芪6克、干姜6克

调味料

米酒500毫升、香油1大匙、盐1小匙

做法

1. 所有卤料装入卤包袋中捆紧，加水800毫升，再加入橄榄、红枣一起浸泡30分钟备用；仿土鸡洗净，切块备用。
2. 取一锅，在锅里放入葱段、姜片5片，加水煮沸后，再放入鸡块，汆烫2~3分钟后取出，用冷水冲凉洗净，沥干。
3. 热锅，倒入香油，爆香剩余姜片后，再把鸡块放入拌炒，加入米酒，再把做法1的卤汁倒入，加入黑枣、枸杞子，煮沸后转小火，煮约30分钟，再加入盐调味即可。

324 人参鸡

材料
仿土鸡1/2只、参须15克、红枣
5颗、姜片20克、水600毫升

调味料
米酒1小匙、盐1/2
小匙

做法
1. 仿土鸡剁块，放入沸水中汆烫约2分钟，捞出洗净沥干，备用。
2. 参须洗净，泡水30分钟后沥干；红枣洗净沥干，备用。
3. 取一汤锅，放入鸡块、参须、红枣、姜片，再加入水以大火煮沸后，转小火盖上盖子炖煮约1.5小时，起锅前加入米酒及盐拌匀煮滚即可。

325 香菇卤鸡肉

材料
熟鸡肉块………600克
香菇 ……………10朵
葱段 ……………20克
水………………800毫升
油………………2大匙

调味料
酱油 ……………4大匙
冰糖 ……………1小匙
盐…………………1/4小匙
米酒 ……………1大匙

做法
1. 香菇洗净泡软，去蒂备用。
2. 热锅，加入2大匙食用油后放入泡软的香菇、葱段爆香，再放入鸡肉块和调味料炒香。
3. 继续倒入水煮沸，再以小火卤约15分钟即可。

326 砂锅香菇鸡

材料
鸡腿2只、香菇6朵、葱1
根、姜15克、蒜头3颗

调味料
酱油膏1大匙、酱油1
大匙、鸡精1小匙、水
适量、米酒1大匙

做法
1. 先将鸡腿洗净切成小块状，再放入沸水中汆烫去血水后捞起，备用。
2. 将香菇放入冷水中浸泡约30分钟至软；葱洗净切段；姜和蒜头洗净切片，备用。
3. 取一个砂锅，放入汆烫好的鸡腿肉块、香菇、姜片、蒜片，以及所有调味料，混合均匀后煮开。
4. 将做法3的材料继续煮约15分钟至入味，最后再加入葱段搅拌均匀即可。

327 红烧肉

材料

五花肉 ……………600克
葱段 ………………30克
蒜头 ………………6个
红辣椒 ……………1根
八角 ………………1粒

水 …………………800毫升
油 …………………2大匙

调味料

酱油 ………………3大匙
蚝油 ………………3大匙
细砂糖 ……………1大匙
米酒 ………………2大匙

做法

1. 五花肉洗净切适当大小块状，放入油温160℃的油锅中略炸1分钟，捞出沥油备用。
2. 葱段分葱白跟葱绿；红辣椒洗净切段，备用。
3. 热锅，倒入2大匙油，放入葱白、蒜头与红辣椒段爆香，再放入八角炒匀。
4. 放入炸好的五花肉块与所有调味料炒匀炒香。
5. 加入水煮至沸腾后，盖上锅盖再转小火煮约40分钟，至汤汁略收干，加入葱绿即可。

328 蒜苗炒咸肉

材料

熟咸猪肉 …………1块
蒜苗 ………………3根
红辣椒片 …………适量

调味料

盐 …………………1/4小匙
细砂糖 ……………1/4小匙

做法

1. 熟咸猪肉洗净切斜刀薄片；蒜苗洗净，切斜刀片状，备用。
2. 取锅，将咸肉片放入锅中，以小火煎煸至出油。
3. 接着放入红辣椒片、蒜苗片和所有调味料，快速翻炒约2分钟即可。

Tips.美味加分关键

咸猪肉不要在锅中煸太久，因为煸太久，肉质会变太干不好吃，而且看起来也不美观。

329 酱爆肉片

材料

猪里脊肉片150克、小黄瓜块60克、葱段10克、姜片10克、色拉油适量

腌料

酱油1小匙、米酒1大匙、淀粉1小匙、香油1小匙

调味料

甜面酱1小匙、细砂糖1小匙、酱油1小匙、番茄酱1大匙、香油1小匙、水2大匙、水淀粉1小匙

做法

1. 猪里脊肉片洗净加入腌料抓匀，腌渍约10分钟；所有调味料调匀成调味酱，备用。
2. 热锅，倒入适量色拉油，放入里脊肉片爆炒至肉色变白，捞起沥干油。
3. 继续于锅中放入葱段、姜片、小黄瓜块，以中小火拌炒1分钟，再放入猪里脊肉片及调味酱拌匀即可。

330 梅菜扣肉

材料

A.五花肉⋯⋯⋯500克
　梅菜 ⋯⋯⋯⋯250克
　香菜 ⋯⋯⋯⋯少许
　色拉油⋯⋯⋯ 4大匙
B.蒜碎 ⋯⋯⋯⋯5克
　姜碎 ⋯⋯⋯⋯5克
　红辣椒碎⋯⋯⋯5克

调味料

A.鸡精 ⋯⋯⋯1/2小匙
　细砂糖⋯⋯⋯1小匙
　米酒 ⋯⋯⋯ 2大匙
B.酱油 ⋯⋯⋯ 2大匙

做法

1. 梅菜用水泡约5分钟后，洗净切小段备用。
2. 热锅，加入2大匙色拉油，爆香材料B，再放入梅菜段翻炒，并加入调味料A拌炒均匀，盛出备用。
3. 五花肉洗净，放入沸水中余烫约20分钟，取出待凉后切片，再与酱油拌匀腌渍约5分钟。
4. 热锅，加入2大匙色拉油，将五花肉片炒香，盛出备用。
5. 取一扣碗，铺上保鲜膜，排入五花肉片，再放上梅菜压紧。
6. 将做法5的材料放入蒸笼中，蒸约2小时后取出倒扣于盘中，最后加入少许香菜即可。

331 橘酱酸甜肉

材料

去皮五花肉片200克
真空包竹笋⋯⋯⋯1根
葱⋯⋯⋯⋯⋯⋯2根
姜片⋯⋯⋯⋯10克
蒜片⋯⋯⋯⋯⋯3个
香菜⋯⋯⋯⋯适量
色拉油⋯⋯⋯⋯1大匙

调味料

橘酱⋯⋯⋯⋯⋯2大匙
细砂糖⋯⋯⋯⋯1大匙
香油⋯⋯⋯⋯⋯1小匙
酱油⋯⋯⋯⋯⋯1小匙
盐⋯⋯⋯⋯⋯⋯少许
白胡椒粉⋯⋯⋯少许

做法

1. 竹笋切成片状；葱切段；取一容器，加入所有的调味料混合均匀。
2. 取一炒锅，先加入1大匙色拉油烧热，放入五花肉片，将肉煸香至表面稍微上色，再倒除些许油。
3. 加入姜片、蒜片、笋片和葱段翻炒均匀，最后将混合好的调味料倒入，烩煮至酱汁微收，放入香菜装饰即可。

332 橙汁排骨

材料

腩排 ……………300克
柳橙 ………………3个
水淀粉 ………1/2小匙

调味料

浓缩橙汁………1大匙
白醋 ………1.5大匙
细砂糖 …………1小匙
盐 ……………1/4小匙

腌料

盐 ……………1/4小匙
细砂糖 …………1/4小匙
小苏打粉………1/2小匙
淀粉 ………………1小匙
吉士粉 …………1小匙
面粉 ………………1大匙

做法

1. 腩排剁成小块，冲水15分钟去腥膻，沥干备用。
2. 将腩排加入腌料，并不断搅拌至粉料完全吸收，静置30分钟备用。
3. 将2个柳橙榨汁，剩余1个切片备用。
4. 将腌好的腩排放入160℃的油锅中，以小火炸3分钟，关火2分钟后，再开大火炸2分钟，捞出沥油盛盘。
5. 另取一锅放入所有调味料、橙汁和橙片煮匀，再加入水淀粉勾芡，最后淋在炸好的排骨上即可。

333 荷叶蒸排骨

材料

猪小排 ………300克
荷叶 ………………1张
酸菜 ……………150克
红辣椒 …………1根
葱花 ………………适量
蒸肉粉 …………10克

调味料

细砂糖 …………1小匙
酱油 ………………1大匙
米酒 ………………1大匙
香油 ………………1小匙

做法

1. 猪小排以活水冲泡约30分钟；荷叶洗净，放入沸水中烫软后捞出，再用菜瓜布刷洗干净后擦干，备用。
2. 取出猪小排，加入所有调味料及蒸肉粉拌匀腌渍约5分钟。
3. 酸菜洗净，浸泡冷水约10分钟后切丝；红辣椒切片，备用。
4. 将红辣椒片加入做法2的材料中拌匀。
5. 将荷叶铺平，放入一半猪小排后，放上酸菜丝，再放上剩余的猪小排，将荷叶包好后，放入蒸笼蒸约25分钟取出，撒上葱花即可。

334 姜丝猪大肠

材料
猪大肠 ··········250克
姜丝 ·············80克
辣椒 ·············1根
色拉油 ···········适量

调味料
黄豆酱 ···········1大匙
细砂糖 ···········1小匙
醋精 ·············1小匙
米酒 ·············1大匙
香油 ·············1大匙

做法
1. 猪大肠洗净、剪小段；辣椒切丝，备用。
2. 热锅，加入适量色拉油，放入姜丝、辣椒丝炒香，加入猪大肠及所有调味料，大火快炒均匀至软即可。

335 酥炸肥肠

材料
A. 猪大肠2条、盐1小匙、白醋2大匙
B. 姜片20克、葱3根、花椒1小匙、八角4粒、水600毫升

卤汁
白醋5大匙、麦芽糖2小匙、水2大匙

做法
1. 猪大肠加入盐搓揉数十下后洗净，再加入白醋搓揉数十下后冲水洗净，备用。
2. 将所有卤汁材料加热混合，备用。
3. 葱洗净切段，分为葱白及葱绿，备用。
4. 取锅，放入姜片、葱绿，加入花椒、八角、水煮开，再放入猪大肠，以小火煮约90分钟，捞出泡入卤汁中，再捞出吊起吹晾，待猪大肠表面干后，将葱白部分塞入猪大肠内，备用。
5. 热油锅，放入猪大肠以小火炸至上色，再捞出沥油，切斜刀段摆入盘中即可。

336 五更肠旺

材料
A.猪大肠2条、盐2小匙、白醋2大匙
B.鸭血片1块、咸菜心片2片、蒜苗片20克、蒜泥1/4小匙、姜末1/4小匙、水300毫升

调味料
辣豆瓣酱1大匙、酱油1小匙、糖1/2小匙、水淀粉1.5小匙

卤汁
八角4粒、花椒1/2小匙、姜片20克、葱1/2根、米酒1大匙、酱油2大匙、细砂糖1小匙、水800毫升

做法
1. 猪大肠用盐和白醋反复洗净，入滚水汆烫，捞出沥干。
2. 将卤汁材料煮沸，入猪大肠以小火煮约50分钟，捞出切成2厘米段状；鸭血片和咸菜心片分别入锅略汆烫。
3. 炒香蒜泥、姜末、辣豆瓣酱，加水、酱油、糖及做法1和2的材料略煮，以水淀粉勾芡，撒上蒜苗片即可。

337 香油腰花

材料

猪肾 ……………300克
老姜片 …………50克
枸杞子 …………10克
葱段 ……………适量

调味料

香油 ……………4大匙
酱油 ……………1大匙
米酒 ……………4大匙

做法

1. 枸杞子用冷水泡软后捞出；猪肾洗净后划十字刀，再切成块状，加入2大匙米酒腌渍约10分钟，备用。
2. 冷锅加入香油，接着加入老姜片炒香，再加入猪肾块炒至熟，起锅前加入剩余调味料与做法1的枸杞子和葱段炒匀即可。

338 嫩煎猪肝

材料

猪肝 ……………120克
淀粉 ……………适量

调味料

酱油 ……………2大匙
米酒 ……………1大匙
细砂糖 …………1大匙

做法

1. 猪肝洗净切成约0.5厘米的厚片状，撒上少许淀粉抓匀，备用。
2. 热一平底锅，加入少许色拉油（材料外），放入猪肝片煎熟至两面微黄，接着加入所有调味料炒匀即可。

Tips.美味加分关键

将猪肝的孔洞灌入清水，可以冲掉猪肝内的秽物，破坏猪肝组织，去除腥味，让猪肝变得更软嫩，但猪肝遇热后容易消水变干涩，所以辅以淀粉抓匀后入锅可以保持水分，吃起来才不会干涩。

339 生炒猪心

材料

猪心150克、葱段40克、姜片10克

调味料

盐1/4小匙、酱油1大匙、米酒1大匙、陈醋1小匙、细砂糖1小匙、香油1大匙、水3大匙

做法

1. 猪心洗净切片状，备用。
2. 热一炒锅，加入少许色拉油（材料外），放入葱段、姜片爆香，接着放入猪心片及所有调味料转大火炒匀即可。

Tips.美味加分关键

猪心切好后直接加些米酒略抓匀，再放入锅中拌炒，可以有效去除腥味。

340 铁板牛柳

材料

牛肉150克、洋葱1/2颗、蒜泥1小匙、奶油1大匙、油适量

腌料

酱油1小匙、糖1/4小匙、淀粉1/2小匙、嫩肉粉1/4小匙

调味料

黑胡椒粗粉1小匙、蚝油1大匙、盐1/8小匙、细砂糖1/4小匙、水淀粉1小匙

做法

1. 牛肉洗净顺纹路切成约0.5厘米条状，加入腌料拌匀腌渍约30分钟；洋葱洗净切丝，备用。
2. 热锅，加入适量油，将牛肉条泡入温油中约1分钟后，捞起沥油。
3. 先倒出锅中多余的油，放入奶油加热融化，再加入蒜泥、洋葱丝小火炒香至软，然后加入所有调味料和牛肉丝大火快炒均匀即可。

341 水煮牛肉

材料

火锅牛肉片150克、莴笋片100克、蒜苗片30克、干辣椒段4根、花椒粒1/2小匙、蒜泥少许、姜末少许、水250毫升、油2大匙

调味料

辣豆瓣酱1大匙、酱油1小匙、细砂糖1/2小匙

腌料

酱油1小匙、米酒1小匙、细砂糖1/4小匙、盐1/8小匙、淀粉1.5小匙

做法

1. 火锅牛肉片加入腌料拌匀，备用。
2. 热锅，加入适量油，放入莴笋片和1/4小匙盐（材料外），小火炒约2分钟盛盘。
3. 锅洗净，加入1大匙油，放入干辣椒段及花椒粒，小火炒约1分钟，捞出放凉压碎，加入辣豆瓣酱、蒜泥、姜末，小火炒约1分钟，加入水、酱油和细砂糖，待沸后转小火，放入牛肉片，涮至牛肉片变白后，放入蒜苗片关火。
4. 撒上干辣椒碎及花椒碎，淋入热油即可。

342 葱爆牛肉

材料

牛肉300克、葱3根、红辣椒1根、油2大匙

调味料

细砂糖1/4小匙、盐1/4小匙、鸡精少许、酱油少许、米酒1/2小匙

腌料

酱油1小匙、米酒1大匙、蛋清1大匙、淀粉少许

做法

1. 牛肉洗净切条，加入所有腌料腌约10分钟备用。
2. 葱洗净切段；红辣椒洗净切丝，备用。
3. 热锅，倒入2大匙油，放入牛肉条，快炒至变色立刻捞起沥油备用。
4. 锅中留少许油，放入红辣椒丝及葱段爆香，再加入所有调味料煮至沸腾，加入牛肉丝炒匀即可。

343 豆酥鳕鱼

材料

鳕鱼 ·················1片
葱段 ·················20克
姜片 ·················3片
豆酥碎 ···············50克
蒜泥 ·················1大匙
葱花 ·················1小匙
油 ···················2大匙

调味料

细砂糖 ·············1.5小匙
辣椒酱 ·············1小匙

做法

1. 取一蒸盘，先放上姜片垫底，再摆上洗净的鳕鱼，上面放葱段，入锅蒸约6分钟后取出，拿掉姜片、葱段并倒掉汤汁，备用。
2. 热锅，加入2大匙油，放入蒜泥以小火炒约1分钟，再加入豆酥碎以小火炒约2分钟，接着加入细砂糖炒匀，继续加入辣椒酱、葱花炒约30秒后熄火。
3. 在盛盘的鳕鱼表面铺上做法2炒好的材料即可。

Tips.美味加分关键

鳕鱼有昂贵的圆鳕鱼和一般的平价鳕鱼。口感类似鳕鱼的油鱼，价格更为便宜。想要节约开销，只要选用一般平价鳕鱼就可以了。

1   2-1   2-2   3

344 清蒸鲜鱼

材料

鲈鱼·············500克
葱段·············20克
葱丝·············30克
姜丝·············20克
红辣椒丝·········少许

调味料

水·················80毫升
酱油·············1大匙
鱼露·············1小匙
柴鱼酱油·········1小匙
细砂糖·········1小匙
盐·············1/4小匙
胡椒粉·········1/4小匙
香油·············1小匙

做法

1. 先将鲈鱼清理干净。
2. 取一蒸盘，盘底放入葱段后放上鲈鱼，再放入蒸锅中，以中火蒸约8分钟取出。
3. 将葱丝、姜丝及红辣椒丝摆在蒸好的鲈鱼上，淋上适量热油。
4. 继续将所有调味料混合煮沸，淋在做法3的材料上即可。

345 泰式柠檬鱼

材料

A.鲈鱼·············1尾
B.番茄·············1/2个
　洋葱丝·········30克
　辣椒末·······1/2小匙
　蒜泥·········1/2小匙
　香菜梗碎···1/2小匙

调味料

鱼露·············1大匙
柠檬汁·········2小匙
细砂糖·········2小匙
盐·············1/2小匙

做法

1. 鲈鱼洗净划刀，置于蒸盘中，备用。
2. 番茄去籽、切条，与剩余的材料B及所有调味料混合拌匀，淋在鱼面上，入锅以大火蒸约12分钟即可（盛盘后亦可另加入柠檬片及香菜叶装饰）。

Tips. 美味加分关键

泰式柠檬鱼是东南亚常见的菜色，热带鱼种都很适合用来制作这道菜，像是尼罗河红鱼、鲈鱼、吴郭鱼、红鱼等，想省钱可以挑选便宜的鱼制作。

346 糖醋鱼块

材料

七星鲈鱼1/2尾、洋葱50克、青椒20克、红甜椒20克、水淀粉1/2小匙、淀粉1大匙、蛋液2大匙、1/2碗油

腌料

盐1/4小匙、胡椒粉1/8小匙、淀粉1/2小匙、香油1/2小匙

调味料

细砂糖2大匙、白醋2大匙、番茄酱1大匙、盐1/8小匙、水2大匙

做法

1. 七星鲈鱼洗净去骨，取下半边鱼肉切小块，加腌料拌匀腌渍约5分钟；洋葱、青椒、红甜椒洗净切片，备用。
2. 将鱼块加入1大匙淀粉和2大匙蛋液拌匀后，再沾上适量干淀粉（材料外）备用。
3. 热锅，加入1/2碗油，放入鱼块小火炸约2分钟，再以大火炸约30秒，捞起沥油备用。
4. 重新热锅，放入做法1的蔬菜片略炒，加入调味料拌匀，再放入炸鱼块拌炒匀，起锅前加入水淀粉勾芡即可。

347 凉拌洋葱鱼皮

材料

鱼皮	300克
洋葱	100克
胡萝卜丝	少许
香菜碎	2根
红辣椒片	1根
蒜碎	3个

调味料

香油	1大匙
盐	少许
白胡椒粉	少许
辣油	1小匙
细砂糖	1小匙

做法

1. 洋葱洗净切丝，放入冰水中冰镇约20分钟。
2. 鱼皮洗净，放入沸水中快速氽烫，捞起泡入冰水中，备用。
3. 取一容器，加入洋葱丝、鱼皮，再加入其余材料与所有调味料，充分混合搅拌均匀即可。

Tips. 美味加分关键

凉拌海鲜最怕有腥味，鱼皮氽烫时加入洋葱丝、蒜头、米酒一起入锅，可去除腥味；要让洋葱丝保有脆度又不辛辣，可将洋葱切丝后，放入冰水中浸泡约20分钟，这样就不会太过辛辣。

348 酥炸墨鱼丸

材料
墨鱼	80克
鱼浆	80克
白馒头	30克
鸡蛋	1个

调味料
盐	1/4小匙
细砂糖	1/4小匙
胡椒粉	1/4小匙
香油	1/2小匙
淀粉	1/2小匙

做法
1. 墨鱼洗净切小丁，吸干水分，备用。
2. 白馒头泡水至软，挤去多余水分，备用。
3. 将做法1、做法2的材料加入鱼浆、鸡蛋、所有调味料混合搅拌均匀，挤成数颗丸子状，再放入油锅中以小火炸约4分钟至金黄浮起，捞出沥油后盛盘即可。

349 椒盐鲜鱿

材料
A. 鱿鱼180克、葱2根、蒜头20克、红辣椒1根
B. 玉米粉1/2杯、吉士粉1/2杯

调味料
A. 盐1/小匙、细砂糖1/4小匙、蛋黄1个
B. 白胡椒盐1/4小匙

做法
1. 鱿鱼洗净剪开后去薄膜，在鱿鱼内面交叉斜切花刀后，略吸干水分，加入调味料A拌匀。
2. 将材料B混合成炸粉；葱、蒜头和红辣椒洗净切末，备用。
3. 将做法1的鱿鱼两面均匀沾裹炸粉。
4. 热半锅油，烧热至约160℃，放入鱿鱼以大火炸约1分钟至表皮呈金黄酥脆，捞出沥油。
5. 锅中留少许油，小火爆香葱末、蒜末和红辣椒末，再放入炸好的鱿鱼和白胡椒盐大火翻炒均匀即可。

350 水煮鱿鱼

材料
水发鱿鱼	1尾
新鲜罗勒	3支

调味料
芥末酱	1小匙
酱油	2大匙

做法
1. 先将水发鱿鱼交叉切划刀，再切小段；调味料混合均匀成蘸酱，备用。
2. 将切好的鱿鱼段放入沸水中，氽烫过水后拌入新鲜罗勒摆盘备用。
3. 食用时再搭配做法1的蘸酱即可。

注：若不敢吃芥末的人，可以改用沙茶酱。

351 菠萝虾球

材料

虾仁 …………… 350克
菠萝片 ………… 100克
红薯粉 ………… 适量
蛋黄酱 ………… 适量

腌料

盐 ………………… 少许
米酒 …………… 1/2大匙
蛋清 …………… 1/2个
淀粉 …………… 少许

做法

1. 虾仁去除肠泥洗净沥干，加入所有腌料腌渍约10分钟。
2. 将腌好的虾仁均匀沾上薄薄一层红薯粉备用。
3. 热锅，倒入稍多的油（材料外），待油温热至160℃，放入做法2的虾仁炸至表面金黄且熟，取出沥油备用。
4. 取盘摆上切小块的菠萝片，再放上虾仁，最后挤上蛋黄酱即可。

352 豆苗虾仁

材料

草虾仁100克、豆苗100克、姜片10克、胡萝卜片10克、水50毫升、油适量

腌料

盐1/8小匙、玉米粉1/2小匙、胡椒粉少许

调味料

盐1/2小匙、水淀粉1/2小匙、香油1/4小匙

做法

1. 草虾仁加1/4小匙盐（材料外）轻搓，放至水龙头下冲水约10分钟洗净后吸干水分，加入腌料拌匀备用。
2. 豆苗洗净，摘去老梗，放入锅中以大火快炒至软后，盛起铺盘底备用。
3. 热锅，加入适量油，放入虾仁过油后捞出，同锅中放入姜片、胡萝卜片炒香，再放入虾仁、水、盐煮沸，加入水淀粉勾芡，起锅前滴入香油拌匀关火，盛起放在豆苗上即可。

353 酸辣柠檬虾

材料

白甜虾200克、红辣椒3根、绿辣椒2根、蒜头10克、色拉油适量

调味料

柠檬汁2大匙、白醋1大匙、鱼露1大匙、水2大匙、细砂糖1/4小匙

做法

1. 将红辣椒、绿辣椒及蒜头洗净剁碎；白甜虾洗净，沥干水分，备用。
2. 热一锅，加入少许色拉油，先将白甜虾倒入锅中，两面略煎过，盛出备用。
3. 另热一锅，加入少许色拉油，放入红辣椒碎、绿辣椒碎、蒜碎略炒。
4. 再加入白甜虾及所有调味料，以中火烧至汤汁收干即可。

354 白灼虾

材料

活虾	300克
葱丝	20克
姜丝	10克
红辣椒丝	10克

调味料

凉开水	2大匙
酱油	1小匙
盐	1/4小匙
鸡精	1/4小匙
鱼露	1/2小匙
香油	1/2小匙

做法

1. 将所有调味料混合拌匀，再加入葱丝、姜丝、红辣椒丝，即成蘸酱。
2. 煮一锅约1000毫升的滚水，放入1/2小匙盐、适量葱段、姜片和少许油（材料外），以大火煮沸。
3. 将活虾洗净放入锅内，煮至虾弯曲且虾肉紧实捞出盛盘，再搭配蘸酱食用即可。

355 盐酥虾

材料

草虾	300克
葱花	1小匙
蒜泥	1/2小匙
红辣椒末	1/2小匙

调味料

盐	1/2小匙
五香粉	1/4小匙
细砂糖	1/4小匙
白胡椒粉	少许
香油	1/2小匙

做法

1. 草虾去泥肠，剪去尖壳，洗净沥干备用。
2. 将草虾放入烧热约180℃的油锅中，以中火炸约3分钟捞起。
3. 锅中留少许油，放入葱花、蒜泥、红辣椒末和所有调味料，以小火炒香。
4. 最后再放入炸草虾以中火炒匀即可。

356 避风塘蟹脚

材料

蟹脚	150克
蒜头	8个
豆酥	20克
葱花	1根

调味料

细砂糖	1小匙
七味粉	1大匙
辣豆瓣酱	1/2小匙

做法

1. 蟹脚洗净用刀背将外壳拍裂，放入沸水中煮熟，捞起沥干备用。
2. 蒜头洗净切成末，放入油锅中炸成蒜蓉，捞起沥干备用。
3. 锅中留少许油，放入豆酥炒至香酥，再放入蟹脚、蒜酥、葱花，加入所有调味料拌炒均匀即可。

357 蔬果海鲜卷

材料

鱼肉50克、墨鱼肉30克、去皮香瓜50克、胡萝卜20克、洋葱20克、蛋黄酱2大匙、越南春卷皮6张、水6大匙、低筋面粉2大匙、水淀粉1大匙、面包粉适量、色拉油适量

调味料

盐1/2小匙、细砂糖1/4小匙

做法

1. 香瓜、洋葱、胡萝卜洗净切小丁，备用。
2. 鱼肉、墨鱼肉切丁，汆烫沥干，备用。
3. 热锅，加入适量色拉油，放入洋葱丁以小火略炒，加入3大匙水、做法2的材料、胡萝卜丁、所有调味料煮沸，再加入水淀粉勾浓芡后关火，待凉后冷冻约10分钟，加入蛋黄酱及香瓜丁拌匀，即为鲜果海鲜馅料。
4. 低筋面粉加入3大匙水调成面糊，备用。
5. 越式春卷皮沾凉开水（材料外）取出，放入1大匙做法3的馅料卷起，整卷沾上做法4的面糊，再均匀沾裹上面包粉，放入油锅中以低油温中火炸至金黄浮起，捞出沥油后盛盘即可。

358 炸芙蓉豆腐

材料
芙蓉豆腐2盒、玉米粉100克、鸡蛋2个、面包粉100克、白萝卜100克、色拉油400毫升

调味料
柴鱼酱油20毫升、白砂糖5克

做法

1. 芙蓉豆腐每块分切成4等份；鸡蛋打散成蛋液；白萝卜磨成泥，备用。
2. 将所有调味料拌匀，放上白萝卜泥，即成蘸酱。
3. 将豆腐块依次裹上玉米粉、蛋液，最后均匀沾上一层面包粉，重复步骤至材料用完为止。
4. 热锅，加入400毫升色拉油烧热至约120℃时，轻轻放入豆腐炸至表皮呈金黄色，捞起沥油，搭配蘸酱食用即可。

359 鸡肉豆腐

材料
冻豆腐300克、去骨鸡腿肉200克、青葱2根、姜10克、红辣椒1根、色拉油2大匙、市售高汤200毫升、水淀粉适量、香油少许

腌料
淀粉1小匙、盐少许、米酒1大匙

调味料
海山酱1小匙、蚝油1/2大匙、冰糖1小匙、鸡精1/2小匙

做法

1. 去骨鸡腿肉洗净切小块，与所有腌料拌匀腌渍15分钟至入味，放入热油锅中迅速过油，捞起沥油，备用。
2. 青葱洗净切段；冻豆腐洗净切小块；姜洗净切末；红辣椒洗净切丁，备用。
3. 热锅，倒入2大匙色拉油烧热，将葱白、姜末、红辣椒丁以中火爆香，再放入冻豆腐略微拌炒后，倒入市售高汤和所有调味料及鸡腿肉块拌炒至汤汁稍微收干时，放入葱绿部分，再以水淀粉勾芡，最后淋上少许香油即可。

360 红烧豆腐

材料
豆腐 2块
猪肉泥 100克
葱段 15克
红辣椒片 15克
色拉油 2大匙

调味料
酱油 2大匙
酱油膏 1小匙
细砂糖 1/4小匙
水 300毫升

做法

1. 豆腐洗净切大片，放入170℃油锅中炸约1分钟，捞出沥油，备用。
2. 热锅，加入2大匙色拉油，放入葱段、红辣椒片爆香，再放入猪肉泥炒至变色。
3. 于锅中加入酱油、酱油膏、细砂糖炒香，再加入水煮5分钟，最后放入豆腐烧煮至入味即可。

361 铁板老豆腐

材料

老豆腐3块、猪肉片80克、柳松菇50克、沙拉笋60克、甜豆荚50克、色拉油3大匙、蒜泥10克、红辣椒片20克、水淀粉适量

调味料

蚝油1大匙、酱油膏2大匙、细砂糖1/2小匙、鸡精1/2小匙、盐少许、香油少许、市售高汤100毫升

做法

1. 老豆腐洗净切片；柳松菇洗净去蒂头；沙拉笋洗净切片；甜豆荚洗净去头尾粗丝，备用。
2. 取柳松菇、沙拉笋片与甜豆荚，放入沸水中氽烫一下即捞起，备用。
3. 热锅，倒入3大匙色拉油烧热，放入老豆腐片，以中火煎至两面呈金黄色取出。
4. 于锅中放入蒜泥、红辣椒片爆香，再加进猪肉片以中火炒至颜色变白后，加入豆腐片、所有的调味料，以及做法2的材料，拌炒均匀。
5. 最后以水淀粉勾芡，再放至烧热的铁板上即可。

362 鱼香烘蛋

材料

鸡蛋……………… 4个
猪肉泥 ………… 100克
蒜泥 ……………… 10克
葱花 ……………… 20克
红辣椒丁……… 15克
淀粉 ……………… 少许
水淀粉 …………… 少许
市售高汤…… 100毫升
油 ………………… 5大匙

调味料

A.辣豆瓣酱 …1.5大匙
B.细砂糖……… 1/2小匙
　酱油 ……… 1/2大匙
　陈醋 ………… 1大匙

做法

1. 鸡蛋加入淀粉打散成蛋液备用。
2. 热锅，倒入3大匙油，倒入蛋液搅拌数下，以小火烘至定型，翻面再烘至两面呈金黄色，取出盛盘备用。
3. 另热一锅，倒入2大匙油，放入蒜泥、葱花、红辣椒丁爆香，再放入猪肉泥炒散。
4. 继续加入辣豆瓣酱炒香后，加入市售高汤、调味料B拌匀，再加入水淀粉勾芡成酱汁，淋在烘蛋上即可。

363 塔香茄子

材料

茄子 ·················· 2条
罗勒 ·················· 30克
蒜头 ·················· 2个
水 ·················· 少许

调味料

鸡精 ·················· 1大匙

做法

1. 蒜头洗净切片；茄子洗净切长段泡水（材料外），备用。
2. 起油锅，油烧热放入茄子段炸软，捞起沥油。
3. 油锅中留少许油，以大火爆香蒜片
4. 放入炸茄子及少许水拌炒均匀。
5. 加入罗勒拌匀，以鸡精调味即可。

364 三杯杏鲍菇

材料

杏鲍菇300克、姜片50克、红辣椒2根、蒜片20克、罗勒20克

调味料

香油2大匙、三杯酱4大匙、米酒2大匙、水1大匙

做法

1. 杏鲍菇洗净切滚刀块状；罗勒挑去粗茎洗净；红辣椒对半切。
2. 杏鲍菇入油锅，大火炸至金黄色，捞起沥油。
3. 热锅入香油以小火爆香蒜片、姜片和红辣椒，放入杏鲍菇块和其余调味料，以大火煮沸，持续翻炒至汤汁略收干，再加入罗勒略拌炒即可。

● 三杯酱 ●

材料：姜片50克、辣豆瓣酱50克、酱油200毫升、细砂糖100克、米酒200毫升、白胡椒粉1大匙、甘草粉1大匙、水200毫升
做法：热锅，加入3大匙油（材料外）和姜片爆香，加入辣豆瓣酱以小火炒约2分钟至香味溢出，再加入其余的材料煮沸后，转小火煮沸约1分钟关火过滤即可。

193

快炒好吃秘诀

◎锅要热、火要大

餐厅、快炒店炒出的一盘盘美味料理，往往比家里炒的好吃，其精髓就在于"锅要热、火要大"。锅热，才能迅速让食材表面变熟，如此一来在翻炒的过程中，食材就不易粘锅，也就不会因为沾粘而破碎四散。火够大，才能让食物尽快熟透，快炒不像烧煮是花时间煮入味，越是快速炒熟越能保持食材的新鲜与口感，尤其是海鲜与叶菜。而在家里炉火不可能像饭店快速炉的火力那么强大，那就只能靠技巧来弥补，例如一次不要放入太多食材，以免无法均匀受热，加长爆炒的时间；此外将食材切小、切薄都能加快炒熟的速度，这样炒出来的菜口感就会跟饭店一样。

◎快速翻炒

所谓快炒就是动作要快，连翻炒的过程都要快速，这样才能让食材迅速均匀受热。不过翻炒也是有技巧的，不是随便翻翻就好，一般来说适时的翻炒即可，不能一直胡乱翻动锅铲，这样不但会弄碎食材，也会因为不停地翻动，让食材没有时间可以受热，反而不能均匀炒熟。最适当的炒法就是顺着同一个方向翻动锅铲，翻动几次后稍等一下，让食材有时间可以受热，再顺同一方向翻动几下即可。

◎要爆香

快炒的关键是大火与热油。辛香料也是让食物更美味的秘诀之一，通常葱、姜、蒜、辣椒、花椒在热锅中爆炒就会产生香气，但是不能爆香太久，以免烧焦产生苦味。而罗勒、韭菜、芹菜这类食材，则是起锅前再加入即可。此外有些调味料也可以事先爆香，比如辣椒酱、豆瓣酱经过爆香后，风味会更浓郁，有助提升整锅菜的滋味。爆香后，再加入食材炒熟，这样整盘菜吃起来风味更有层次感，比起不爆香全部一起炒，更多了些香味。

◎依序加入调味料

炒菜的操作学会后，最后就是加入黄金比例的调味料，基本上各种调味料加入不大需要分先后顺序。但是如果是要爆炒出香味的调味料，例如辣椒酱、豆瓣酱、甜面酱这种越炒越香的酱料，建议在爆香时就加入；而纯粹增添味道的调味料，例如盐、糖、酱油则在起锅前再加入；此外像是米酒、陈醋这种具有特殊风味的调味料，可以最后淋在锅边，呛出香味。弄懂添加调味料的时机，就不会在炒菜时手忙脚乱了。

365 青椒牛肉丝

材料　牛肉丝200克、青椒1个、蒜泥10克、红辣椒丝15克

调味料　盐1/4小匙、细砂糖少许、胡椒粉少许、米酒1/2大匙

腌料　酱油少许、米酒1/2大匙、蛋清1/2大匙

做法

1. 牛肉丝加入所有腌料拌匀，腌渍约15分钟。
2. 青椒洗净，去头去籽切丝，备用。
3. 热锅，加入2大匙油（材料外），爆香蒜泥，再加入牛肉丝炒至颜色变白后，盛出备用。
4. 锅中放入青椒丝炒1分钟，再加入所有调味料、红辣椒丝及牛肉丝，快速炒匀即可。

366 五花肉炒豆干

材料
五花肉200克、豆干250克、油2大匙、蒜泥10克、红辣椒丝10克、葱丝10克

调味料
酱油1大匙、盐少许、细砂糖1/4小匙、胡椒粉少许、米酒1大匙

做法

1. 五花肉洗净切条状；豆干洗净切条状，备用。
2. 热锅加入2大匙油，爆香蒜泥，放入五花肉炒至颜色变白，再放入豆干炒至微干。
3. 继续于锅中放入红辣椒丝及所有调味料炒香，最后放入葱丝拌匀即可。

367 五彩牛柳

材料　牛肉300克、洋葱50克、青椒40克、黄甜椒40克、红甜椒40克、蒜泥10克、油3大匙

调味料　细砂糖少许、盐1/2小匙、鸡精1/2小匙、米酒1大匙、水2大匙

腌料　酱油1小匙、米酒1大匙、蛋清1大匙、淀粉少许

做法

1. 牛肉洗净切条，以所有腌料腌渍约15分钟备用。
2. 洋葱、青椒、黄甜椒、红甜椒洗净切条，备用。
3. 热锅，倒入3大匙油，放入腌好的牛肉条，快炒至变色，立刻捞起沥油备用。
4. 锅中留少许油，放入蒜泥爆香，再放入洋葱条炒香，加入所有调味料煮至沸腾，加入做法2其余的材料炒匀，最后加入牛肉丝炒匀即可。

368 滑蛋牛肉

材料

牛肉片 ·········300克
鸡蛋 ················3个
葱 ···················1根
蒜头 ················2个

调味料

盐 ····················适量

腌料

嫩肉粉 ·········1/8小匙
细砂糖 ···········1小匙
酱油 ···············1小匙
米酒 ···············1大匙
水 ··················4大匙

做法

1. 葱切段；蒜头切片；鸡蛋加3小匙水及少许盐（材料外）打散，备用。
2. 牛肉片以所有腌料拌匀腌渍约30分钟备用。
3. 热锅倒油（材料外），放入腌好的牛肉片，快速炒开至变色，马上捞起沥油备用。
4. 锅中留2大匙油，倒入蛋液炒至半熟立刻捞起。
5. 锅中放入葱段、蒜片爆香，再放入牛肉片及蛋液快速拌炒均匀，最后加盐调味即可。

369 蚝油芥蓝牛肉

材料

牛肉片150克、芥蓝100克、杏鲍菇1个、胡萝卜片10克、姜末1/4小匙、水3大匙、色拉油2大匙

腌料

蛋液2小匙、盐1/4小匙、酱油1/4小匙、酒1/2小匙、淀粉1/2小匙

调味料

蚝油2小匙、盐少许、细砂糖1/4小匙

做法

1. 牛肉片加入所有腌料，朝同一方向搅拌数十下，拌匀。
2. 芥蓝切去硬蒂、摘除老叶后洗净；杏鲍菇洗净切小块，备用。
3. 煮一锅沸水，加入1小匙细砂糖（材料外），放入芥蓝汆烫熟后，捞出盛入盘中。
4. 热锅，加入2大匙色拉油，以中火将牛肉片煎至九分熟后盛出，备用。
5. 再次加热油锅，放入杏鲍菇块、胡萝卜片、姜末略炒，再加入水、所有调味料及煎牛肉片，以大火快炒1分钟至均匀，盛入盘中即可。

370 黑木耳炒肉

材料

猪肉丝	100克
黑木耳	200克
蒜泥	10克
姜丝	15克
红辣椒丝	15克
油	2大匙

调味料

盐	1/4小匙
细砂糖	1/4小匙
酱油	少许
米酒	1大匙
陈醋	1小匙

做法

1. 黑木耳洗净，切丝，放入沸水中氽烫一下，备用。
2. 热锅，加入2大匙油，加入姜丝、蒜泥爆香，加入猪肉丝炒至颜色变白，再放入红辣椒丝、黑木耳丝及所有调味料炒入味即可。

371 蚂蚁上树

材料

粉条	3把
肉泥	150克
葱花	20克
红辣椒末	10克
蒜泥	10克
水	100毫升
色拉油	2大匙

调味料

A.辣豆瓣酱	1.5大匙
酱油	1小匙
B.鸡精	1/2小匙
盐	少许
胡椒粉	少许

做法

1. 粉条放入沸水中氽烫至稍软后，捞起沥干，备用。
2. 热锅，放入2大匙色拉油，爆香蒜泥，再放入肉泥炒散后，加入调味料A炒香。
3. 于锅中加入水、粉条、调味料B炒至入味，起锅前撒上葱花、红辣椒末拌炒均匀即可。

372 芦笋炒蛤蜊

材料

绿芦笋	300克
蛤蜊	300克
蒜片	10克
葱段	10克
油	2大匙

调味料

盐	1/4小匙
鸡精	少许
白胡椒粉	少许
米酒	1大匙
香油	少许

做法

1. 绿芦笋洗净切段；蛤蜊泡盐水吐沙后洗净，备用。
2. 热锅倒入2大匙油，放入蒜片、葱段爆香，放入绿芦笋段翻炒均匀。
3. 于锅中继续加入所有调味料（香油除外）和蛤蜊，翻炒至蛤蜊打开后淋上香油，熄火起锅即可。

373 沙茶羊肉炒空心菜

材料

羊肉片 ………… 250克
空心菜 ………… 300克
姜末 …………… 10克
蒜泥 …………… 10克
红辣椒末 ……… 10克

调味料

盐 ……………… 1/4小匙
鸡精 …………… 1/4小匙
米酒 …………… 1大匙
沙茶酱 ………… 1大匙

腌料

细砂糖 ………… 少许
酱油 …………… 1小匙
米酒 …………… 少许
沙茶酱 ………… 1小匙
淀粉 …………… 少许

做法

1. 羊肉片洗净沥干，加入所有腌料腌渍约10分钟；空心菜洗净切小段，备用。
2. 热锅，倒入稍多的油（材料外），待油温热至120℃，放入羊肉片过油一下至颜色稍微变白，捞出沥油备用。
3. 锅中留少许油，放入姜末、蒜泥及红辣椒末爆香，再加入空心菜炒至微软。
4. 加入所有调味料及羊肉片拌炒均匀即可。

374 酸菜鸭血

材料

鸭血 …………… 150克
酸菜 …………… 30克
韭菜花 ………… 10克
蒜头 …………… 1/4小匙
红辣椒 ………… 1/2小匙

调味料

酱油膏 ………… 1/2大匙
胡椒粉 ………… 1/2小匙
细砂糖 ………… 1/2小匙

做法

1. 酸菜浸泡入冷水中约20分钟，稍去除咸味，沥干水分，切丝备用。
2. 鸭血洗净沥干，切丝状后，放入沸水中略汆烫，捞起冲冷水沥干。
3. 韭菜花洗净沥干，切段状；蒜头洗净沥干，切片状；红辣椒洗净沥干，切片状，备用。
4. 取锅，加入少许油（材料外）烧热，放入蒜片和红辣椒片炒香，加入酸菜丝、鸭血丝和所有调味料以大火拌炒均匀即可。

375 菠菜炒猪肝

材料

菠菜…………200克
猪肝…………100克
蒜泥…………10克
红辣椒…………1根
色拉油…………2大匙

调味料

盐…………适量
鸡精…………适量
米酒…………适量

做法

1. 红辣椒切片；菠菜洗净切段；猪肝切薄片，冲冷水约20分钟，捞起沥干水分。
2. 猪肝用米酒、淀粉（材料外）抓匀，入沸水中汆烫一下，捞起备用。
3. 热锅，加入色拉油2大匙爆香蒜泥，放入猪肝、菠菜快炒，起锅前加入红辣椒片，再加入所有调味料拌匀即可。

376 干烧虾

材料

鲜虾450克、蒜泥10克、姜末10克、葱花10克、油2大匙

调味料

细砂糖1小匙、米酒1大匙、陈醋1小匙、香油少许、番茄酱1大匙、甜酒酿1大匙、辣豆瓣酱2大匙

做法

1. 鲜虾剪去脚、触须，挑除肠泥，再从背上划开，洗净，放入160℃油锅中炸熟备用。
2. 另热锅，倒入2大匙油，放入蒜泥、姜末爆香，再放入所有调味料煮匀。
3. 放入鲜虾拌炒入味，撒上葱花拌匀即可。

377 香油虾

材料

鲜虾…………500克
姜片…………40克
枸杞子…………10克
米酒…………5大匙
香油…………2大匙

调味料

鸡精…………1/4小匙
酱油…………1小匙

做法

1. 鲜虾剪去脚、触须，挑除肠泥，洗净备用。
2. 热锅，倒入香油，放入姜片以小火爆香，放入鲜虾拌炒1分钟，再放入米酒、所有调味料煮匀，撒上枸杞子拌匀即可。

378 韭菜花炒墨鱼

材料

墨鱼600克、韭菜花200克、红辣椒1根、蒜泥少许、油1大匙

调味料

盐1小匙、水淀粉适量

做法

1. 墨鱼去除内脏、外膜、眼嘴等部位后切花刀；红辣椒切片；韭菜花切成约3厘米长段洗净，备用。
2. 取锅，装半锅水加热，煮沸后放入墨鱼汆烫后捞出。
3. 取锅烧热，放入1大匙油，加入红辣椒片、韭菜花段与蒜泥，再加入盐，以大火炒约30秒。
4. 继续加入汆烫好的墨鱼快炒约3分钟，最后加入水淀粉勾芡即可。

379 芹菜炒鱿鱼

材料

鱿鱼	1/2尾
芹菜	250克
蒜泥	10克
姜末	10克
辣椒片	15克
油	2大匙

调味料

盐	1/4小匙
细砂糖	1/4小匙
胡椒粉	少许
米酒	1大匙

做法

1. 鱿鱼洗净切条，放入沸水中汆烫后捞出，备用。
2. 芹菜洗净切段，备用。
3. 热锅，加入2大匙油，放入蒜泥、姜末爆香，再加入芹菜段拌炒，接着加入鱿鱼条及所有调味料，大火快炒至入味，起锅前加入辣椒片炒匀配色即可。

380 炒三鲜

材料

鱿鱼20克、墨鱼20克、虾仁30克、小黄瓜10克、胡萝卜5克、葱1根、姜5克、水淀粉1小匙、油适量

调味料

水30毫升、细砂糖1小匙、蚝油1大匙、酱油1小匙、米酒1小匙、香油1小匙、白胡椒粉少许

做法

1. 鱿鱼、墨鱼洗净切片后，在表面切花刀，与虾仁分别放入沸水汆烫至熟，捞起沥干备用。
2. 胡萝卜洗净去皮切片，小黄瓜洗净切片，分别放入沸水汆烫一下，捞起沥干备用。
3. 葱洗净切段；姜洗净切片，备用。
4. 热锅倒入适量的油，放入做法3的材料爆香，加入做法1、做法2的所有材料及所有调味料炒匀，加入水淀粉勾芡即可。

381 洋葱炒蟹脚

材料
蟹脚·············400克
洋葱丝············60克
蒜泥··············10克
葱段··············10克
红辣椒片··········15克
罗勒··············适量
油················2大匙

调味料
盐··············1/4小匙
细砂糖··········1/4小匙
酱油·············1小匙
陈醋·············1小匙
米酒·············2大匙

做法
1. 蟹脚洗净，放入沸水中氽烫，备用。
2. 热锅，加入2大匙油，爆香蒜泥、葱段、红辣椒片，再放入洋葱丝炒香，接着加入蟹脚及所有调味料炒香，起锅前加入罗勒炒匀即可。

382 香辣樱花虾

材料
樱花虾干·········35克
芹菜············110克
红辣椒···········2根
蒜仁·············20克
色拉油···········2大匙

调味料
酱油·············1大匙
细砂糖···········1小匙
鸡精···········1/2小匙
米酒·············1大匙
香油·············1小匙

做法
1. 芹菜洗净后切小段；红辣椒及蒜仁洗净切碎，备用。
2. 起一炒锅，热锅后加入约2大匙色拉油，以小火爆香红辣椒碎及蒜碎后，加入樱花虾干，以小火炒香。
3. 在锅中加入酱油、细砂糖、鸡精及米酒，转中火炒至略干后，加入芹菜段翻炒约10秒至芹菜略软，最后淋上香油即可。

383 辣炒寮仔鱼

材料
寮仔鱼··········200克
辣椒片···········20克
糯米椒片········100克
蒜泥·············10克
淀粉·············适量

调味料
蚝油···········1.5大匙
米酒·············1大匙
细砂糖···········1小匙
盐···············少许

做法
1. 寮仔鱼洗净拭干，加入适量淀粉拌一下，放入油温约160℃的热油锅中炸约1分钟，捞出沥油。
2. 锅中留少许油，放入蒜泥爆香，再放入辣椒片、糯米椒片炒一下。
3. 最后加入做法1的寮仔鱼及所有调味料炒入味即可。

384 韭黄鳝鱼

材料

鳝鱼	100克
韭黄	80克
姜	10克
红辣椒	5克
蒜头	5克
香菜	2克
水淀粉	1大匙

调味料

A.糖	1大匙
酱油	1小匙
蚝油	1小匙
白醋	1小匙
米酒	1大匙
B.香油	1小匙

做法

1. 鳝鱼洗净放入沸水中煮熟，捞出放凉后撕成小段，备用。
2. 韭黄洗净切段；姜洗净切丝；红辣椒洗净切丝；蒜头洗净切末，备用。
3. 热锅倒入油，放入姜丝、红辣椒丝爆香，再放入韭黄段炒匀。
4. 加入鳝鱼段及调味料A拌炒均匀，再以水淀粉勾芡后盛盘。
5. 于做法4的鳝糊中，放上蒜泥、香菜，另煮沸香油后淋在蒜泥上即可。

385 塔香海瓜子

材料

海瓜子	600克
罗勒	50克
红辣椒	1根
蒜泥	1大匙

调味料

A.酱油膏	2大匙
陈醋	2大匙
细砂糖	1大匙
B.水淀粉	适量

做法

1. 海瓜子吐沙洗净；罗勒洗净；红辣椒洗净切片，备用。
2. 取锅烧热后，放入1大匙油，再放入红辣椒片，与蒜泥一同爆香。
3. 放入洗净的海瓜子，以中火略炒，加入调味料A，盖上锅盖焖煮。
4. 当海瓜子煮至开口后，放入洗净的罗勒，转大火炒至罗勒略软，加入水淀粉勾芡即可。

386 豆豉鲜蚵

材料

鲜蚵	500克		
豆豉	30克		
蒜泥	10克		
姜末	10克		
红辣椒末	10克		
葱花	10克		
油	2大匙		

调味料

酱油	1小匙
细砂糖	1/2小匙
米酒	2大匙

做法

1. 鲜蚵洗净、沥干；豆豉略洗后沥干，备用。
2. 热锅，加入2大匙油，爆香蒜泥、姜末，再加入豆豉炒香，接着放入红辣椒末、葱花、鲜蚵及所有调味料，以大火快速炒匀至入味，盛盘后撒上红辣椒末及葱花即可。

387 白果芦笋虾仁

材料

虾仁	150克
芦笋	200克
白果	65克
蒜片	10克
红辣椒片	10克
油	适量

调味料

盐	1/4小匙
细砂糖	少许
鸡精	1/4小匙
香油	少许

做法

1. 虾仁洗净放入沸水中烫熟，沥干备用。
2. 芦笋洗净切段，氽烫一下即捞起，浸泡冰开水；白果洗净放入沸水中氽烫一下，沥干备用。
3. 热锅，倒入适量的油，放入蒜片、红辣椒片爆香，再放入虾仁炒匀。
4. 加入芦笋段、白果及所有调味料拌炒入味即可。

388 酱爆虾

材料

白虾300克、蒜泥10克、红辣椒15克、洋葱丝30克、葱段30克、油2大匙

调味料

油1大匙、辣豆瓣酱1大匙、细砂糖少许、米酒1大匙

做法

1. 白虾洗净，剪去须和头尖；热锅，加入2大匙食用油，放入白虾煎香后取出；葱段分葱白和葱绿，备用。
2. 原锅放入蒜泥、红辣椒片、洋葱丝和葱段爆香，再放入白虾和所有调味料，拌炒均匀后加入葱绿炒匀即可。

389 彩椒炒生干贝

材料
鲜干贝80克、红甜椒100克、黄甜椒100克、蒜泥5克、葱段10克、油1大匙

调味料
盐1/4小匙、细砂糖1/4小匙、米酒1大匙、陈醋1小匙

腌料
盐少许、米酒1大匙

做法
1. 鲜干贝洗净、沥干，加入所有腌料拌匀，腌渍约15分钟，快速汆烫后捞出；红甜椒、黄甜椒洗净切片，备用。
2. 热锅，加入1大匙油，放入蒜泥爆香，再加入甜椒片拌炒，接着加入鲜干贝及所有调味料炒香，起锅前加入葱段炒匀即可。

390 泡菜炒鱿鱼

材料
鱿鱼	300克
泡菜	200克
蒜泥	10克
姜末	10克
葱花	10克
油	2大匙

调味料
盐	少许
细砂糖	1/4小匙
米酒	1大匙

做法
1. 鱿鱼洗净、切圈；泡菜切段，备用。
2. 热锅，加入2大匙油，爆香蒜泥、姜末及葱花，再加入鱿鱼炒1分钟，接着加入泡菜段及所有调味料拌匀，拌炒至入味即可。

391 苋菜炒银鱼

材料
银鱼	100克
苋菜	250克
蒜泥	10克
姜末	10克
油	2大匙

调味料
盐	少许
米酒	1大匙
水	100毫升

做法
1. 银鱼洗净、沥干，备用。
2. 苋菜去头、洗净切段，放入沸水中汆烫1分钟，再捞起沥干，备用。
3. 热锅，加入2大匙油，爆香蒜泥、姜末，放入银鱼炒香，再加入苋菜炒匀，最后加入水、盐、米酒拌炒入味即可。

392 干煎带鱼

材料

带鱼 ·············400克
蒜片 ·············10克
姜丝 ·············10克
红辣椒丝 ·······10克
红薯粉 ···········适量
油 ···············适量

调味料

盐 ···············1小匙
米酒 ···········1/2大匙

做法

1. 带鱼洗净沥干，加入米酒、盐抹匀腌渍约10分钟。
2. 将带鱼沾上红薯粉，静置2分钟备用。
3. 热锅，加入适量的油，放入带鱼煎至一面上色，翻面后放入蒜片、姜丝、红辣椒丝，待两面煎熟即可。

393 蒜香煎三文鱼

材料

三文鱼 ·········350克
蒜片 ·············15克
姜片 ·············10克
柠檬片 ···········1片
油 ···············少许

调味料

盐 ···········1/2小匙
米酒 ···········1/2大匙

做法

1. 三文鱼洗净沥干，放入姜片、盐和米酒腌渍约10分钟备用。
2. 热锅，锅面刷上少许的油，放入三文鱼煎约2分钟。
3. 将三文鱼翻面，放入蒜片一起煎至金黄色，取出盛盘放上柠檬片即可。

394 干煎黄鱼

材料

黄鱼 ·············1尾
（约300克）

调味料

盐 ···········1/4小匙

做法

1. 黄鱼洗净沥干，用厨房纸巾将鱼表面水分擦干，在鱼的两面均匀地撒上盐。
2. 热锅放入2大匙油，开中火烧至油略冒烟，将鱼放入锅中，小火煎至两面焦黄起锅。
3. 蘸椒盐或薄盐酱油食用即可。

395 煎肉鱼

材料

肉鱼 ·············· 150克
（约3尾）
面粉 ·············· 适量

腌料

盐 ·············· 适量
米酒 ·············· 1大匙

做法

1. 肉鱼洗净，抹上盐和米酒，腌渍约10分钟后，在肉鱼表面均匀沾裹上面粉，备用。
2. 热一锅，加入适量的色拉油（材料外），待油温烧热后，放入肉鱼煎至两面成金黄色至熟即可。

396 干煎虱目鱼肚

材料

虱目鱼肚 ·············· 1片
柠檬 ·············· 1块
（装饰用）
西芹 ·············· 1根
（装饰用）

腌料

米酒 ·············· 1大匙
香油 ·············· 1小匙
酱油 ·············· 1小匙
盐 ·············· 少许
白胡椒粉 ·············· 少许

做法

1. 将虱目鱼肚洗净，与腌料混匀，腌渍约10分钟，备用。
2. 将腌渍好的虱目鱼肚用餐巾纸吸干水分，备用。
3. 取一不粘锅，将虱目鱼肚放入锅中，以小火将虱目鱼肚煎至双面上色且熟透即可。

397 干烧虱目鱼

材料

虱目鱼片300克、葱花30克、姜末20克、蒜泥20克、红辣椒末5克

调味料

A. 酱油1小匙、辣豆瓣酱1大匙、米酒1大匙、细砂糖1小匙、番茄酱1大匙、白醋1小匙、水300毫升
B. 香油1大匙

做法

1. 将虱目鱼片洗净，挑除鱼刺，放入热锅热油中，双面各煎20秒，捞起备用。
2. 锅烧热，倒入适量的油，放入其他材料炒香。
3. 再加入调味料A，以中火煮沸。
4. 放入煎过的虱目鱼片转小火焖煮。
5. 煮至汤汁略收干，最后再淋入香油即可。

398 辣炒箭笋

材料

箭笋 ·············· 250克
肉丝 ·············· 100克
蒜泥 ··············· 10克
红辣椒末 ········ 10克
油 ················· 2大匙

腌料

酱油 ············· 1小匙
米酒 ············· 1大匙
淀粉 ············· 1小匙

调味料

细砂糖 ········ 1/2小匙
鸡精 ··········· 1/4小匙
辣椒酱 ·········· 1大匙
辣豆瓣酱 ······ 1大匙

做法

1. 箭笋洗净放入沸水中汆烫一下去涩味，捞起沥干备用。
2. 肉丝加入腌料腌渍约10分钟备用。
3. 热锅，倒入2大匙油，放入蒜泥、红辣椒末爆香，加入肉丝炒至变色，加入辣豆瓣酱炒香。
4. 最后加入箭笋及其余调味料炒匀即可。

399 肉丝炒桂竹笋

材料

桂竹笋 ·········· 200克
肉丝 ·············· 80克
蒜泥 ··········· 1/2小匙
水 ············· 100毫升
色拉油 ··········· 适量

腌料

酱油 ············· 1小匙
米酒 ············· 1大匙
淀粉 ············· 1小匙

调味料

客家豆酱 ········ 1大匙
酱油膏 ········ 1.5小匙

做法

1. 桂竹笋切段洗净，备用。
2. 肉丝加入腌料拌匀，备用。
3. 热锅，加入适量色拉油，放入蒜泥炒香，再加入肉丝炒至变白，加入客家豆酱略炒，最后加入水、酱油膏、桂竹笋段，以小火煮至收汁即可。

400 芦笋炒鸿禧菇

材料

芦笋 ············300克
鸿禧菇 ·········120克
姜片 ···········10克
蒜片 ···········10克
红辣椒片 ·······10克
色拉油 ·········少量

调味料

盐 ·············1/4小匙
细砂糖 ·········少许
米酒 ···········1/2大匙
热水 ···········2大匙

做法

1. 芦笋洗净切段；鸿禧菇去蒂头、洗净，备用。
2. 热锅，加入少量色拉油，放入姜片、蒜片爆香，再放入芦笋段及鸿禧菇快炒1分钟，接着加入所有调味料以大火炒匀，起锅前加入红辣椒片炒匀配色即可。

401 玉米笋炒豌豆

材料

玉米笋 ·········110克
豌豆 ···········130克
红辣椒片 ·······15克
蒜片 ···········10克
油 ·············少许

调味料

盐 ·············1/4小匙
米酒 ···········1/2大匙
热水 ···········1大匙

做法

1. 豌豆撕去头尾粗丝、洗净，备用。
2. 玉米笋洗净，放入沸水中氽烫1分钟，再捞起泡冰水、沥干，对半切，备用。
3. 热锅，加入少许油，爆香蒜片、红辣椒片，再放入豌豆拌炒，接着加入玉米笋及所有调味料炒匀至入味即可。

402 鲜香菇炒绿金针

材料

鲜香菇 ·········3朵
绿金针 ·········160克
姜丝 ···········10克
红辣椒丝 ·······适量
油 ·············1大匙

调味料

盐 ·············1/4小匙
细砂糖 ·········少许
米酒 ···········1/2大匙
热水 ···········1大匙

做法

1. 鲜香菇洗净切片；绿金针去蒂头、洗净，备用。
2. 热锅，加入1大匙油，爆香姜丝，再加入香菇片炒香，放入绿金针快炒，接着加入所有调味料以大火炒匀入味，最后放入红辣椒丝配色即可。

403 椒盐鲜香菇

材料

鲜香菇 ·········· 200克
葱 ················· 3根
红辣椒 ············ 2条
蒜头 ·············· 5个
淀粉 ·············· 3大匙

调味料

盐 ·············· 1/4小匙

做法

1. 鲜香菇切小块，泡水约1分钟后洗净略沥干；葱、红辣椒、蒜头切碎，备用。
2. 热油锅至约180℃，鲜香菇撒上淀粉拍匀，放入油锅中，以大火炸约1分钟至表皮酥脆立即起锅，沥干油备用。
3. 锅中留少许油，放入葱碎、蒜碎、红辣椒碎以小火爆香，放入鲜香菇、盐，以大火翻炒均匀即可。

404 丁香鱼炒山苏

材料

山苏 ·············· 150克
丁香鱼 ··········· 30克
葱段 ·············· 1根
蒜片 ·············· 3个
红辣椒片 ·········· 1条
色拉油 ············ 适量

调味料

黄豆酱 ············ 1大匙
细砂糖 ············ 1小匙
米酒 ·············· 1小匙
香油 ·············· 1小匙

做法

1. 山苏洗净、去尾部粗根，放入沸水中氽烫，备用。
2. 热锅，加入适量色拉油，放入葱段、蒜片、红辣椒片炒香，再加入洗净的丁香鱼及所有调味料炒匀，最后加入山苏炒至翠绿即可。

405 菠萝炒木耳

材料

菠萝 ············250克
木耳 ············200克
姜丝 ············· 10克
油··············· 2大匙

调味料

盐················1/2小匙
细砂糖 ············1小匙
陈醋 ·············1小匙
米酒 ············1/2大匙
白醋 ··············少许

做法

1. 木耳洗净切片，放入沸水中氽烫一下后捞出，备用。
2. 菠萝去心、切片，备用。
3. 热锅，加入2大匙油，爆香姜丝，再加入木耳片、菠萝片拌炒，接着加入所有调味料，以大火快炒匀至入味即可。

406 圆白菜炒 樱花虾

材料

圆白菜 ·········350克
樱花虾 ··········25克
蒜泥 ············· 10克
油··············· 2大匙

调味料

盐················1/4小匙
胡椒粉 ············少许
米酒 ·············1大匙

做法

1. 圆白菜洗净切片；樱花虾洗净沥干，备用。
2. 热锅，加入2大匙油，放入蒜泥爆香，再加入樱花虾炒香后盛出，备用。
3. 锅中加入圆白菜拌炒约1分钟，再加入所有调味料及樱花虾，拌炒均匀入味即可。

407 龙须菜炒肉丝

材料

龙须菜 ···············1把
（300克）
猪肉丝 ·········100克
蒜泥 ············· 10克
红辣椒丝··········· 10克
油··············· 2大匙

调味料

盐················1/4小匙
细砂糖 ············少许
米酒 ·············1大匙

做法

1. 龙须菜摘取前端较嫩部分洗净，放入沸水中氽烫一下后捞出，备用。
2. 热锅，加入2大匙油，放入蒜泥和红辣椒丝爆香，再加入猪肉丝炒至变色，接着加入所有调味料炒匀，最后加入龙须菜，以大火快炒至均匀入味即可。

408 金针菇炒丝瓜

材料

金针菇 ……………1包
（约150克）
丝瓜 ………………1条
（约400克）
姜丝 ……………… 10克
蒜泥 ……………… 10克
油……………… 2大匙

调味料

盐………………1/2小匙
胡椒粉 …………少许
米酒……………1大匙
热水…………30毫升

做法

1. 丝瓜去皮洗净、切块；金针菇去蒂头、洗净，备用。
2. 热锅，加入2大匙油，爆香姜丝、蒜泥，再放入丝瓜块炒1分钟，接着加入金针菇拌炒，淋入热水后盖上锅盖。
3. 焖煮约2分钟后打开锅盖，加入其余调味料拌炒均匀入味即可。

409 蛋酥白菜

材料

鸡蛋………………1个
白菜…………400克
蒜片……………… 10克
红辣椒片……… 10克
葱段……………… 10克
油……………… 2匙

调味料

盐………………1/2小匙
细砂糖………1/2小匙
陈醋…………1/2大匙
水…………… 100毫升

做法

1. 白菜洗净切片，备用。
2. 鸡蛋打散，以筛网过滤至热油锅中，炸酥，捞出沥油，即为蛋酥。
3. 另热一锅，放入2匙油，爆香蒜片、红辣椒片、葱段，再放入白菜炒至微软，加入100毫升水煮约3分钟，再加入其余调味料煮匀，盛盘放上蛋酥即可。

410 番茄炒豆包

材料
豆包····················3片
番茄····················1个
葱段··················15克
油······················1大匙

调味料
番茄汁············1大匙
细砂糖··········1/2小匙
盐··················1/4小匙
水··················50毫升

做法
1. 豆包切块，放入油锅中炸酥脆，捞出沥油，备用。
2. 番茄洗净、切块，备用。
3. 热锅，加入1大匙油，放入葱段爆香，再加入番茄块略炒，接着加入所有调味料及豆包，拌炒均匀入味即可。

411 胡瓜炒虾米

材料
胡瓜················350克
虾米··················25克
蒜片··················10克
油······················2大匙

调味料
盐··················1/4小匙
细砂糖··············少许
米酒··············1大匙
水··················60毫升

做法
1. 胡瓜去皮切小片；虾米洗净后泡水5分钟，备用。
2. 热锅，加入2大匙油，爆香蒜片，再加入虾米炒香，接着放入胡瓜炒约2分钟，再加入所有调味料炒匀入味即可。

412 宫保皮蛋

材料
皮蛋····················3个
干辣椒片··········15克
葱段··················15克

调味料
酱油············1/2大匙
盐······················少许
细砂糖··········1/4小匙
水··················30毫升

做法
1. 皮蛋放入沸水中煮5分钟后，捞起去壳、切块。
2. 皮蛋块先沾上少许淀粉（材料外）后，放入160℃的热油锅中炸至上色。
3. 热锅，放入少许油，爆香葱段、干辣椒片，再放入炸皮蛋块及所有调味料炒匀即可。

413 香油三七

材料

三七·············300克
姜丝·············15克
香油·············2大匙
枸杞子·············少许

调味料

盐·············少许
鸡精·············1/4小匙
米酒·············1大匙

做法

1. 枸杞子泡软；三七洗净，沥干备用。
2. 取锅烧热，加入2大匙香油，放入姜丝爆香。
3. 再放入三七，大火快速拌炒几下后，加入泡软的枸杞子和所有调味料炒匀即可。

414 韭菜花炒甜不辣

材料

韭菜花·············300克
甜不辣·············200克
蒜泥·············2小匙
辣椒·············2根
油·············适量

调味料

盐·············1小匙
鸡精·············1小匙
米酒·············1大匙
水·············100毫升

做法

1. 韭菜花洗净切成约5厘米长的段；辣椒洗净切片。
2. 甜不辣放入沸水中稍微汆烫一下后，捞出备用。
3. 热一锅，倒入适量的油，放入蒜泥与辣椒片爆香后，加入韭菜花段、甜不辣炒至香味溢出。
4. 最后加入所有调味料炒至略微收汁即可。

415 炒蒲瓜

材料

蒲瓜·············350克
虾皮·············10克
蒜泥·············20克

调味料

盐·············1大匙
细砂糖·············1小匙
米酒·············2大匙
水·············150毫升

做法

1. 蒲瓜去皮后洗净切条状，备用。
2. 热一炒锅，加入少许色拉油（材料外），放入虾皮、蒜泥炒香，接着加入蒲瓜条与所有调味料，转中小火焖软即可。

416 豇豆炒咸蛋

材料

咸蛋················2个
豇豆············200克
蒜泥·············10克
红辣椒末·······10克
油·················2大匙

调味料

盐···············1/4小匙
米酒·············1小匙

做法

1. 咸蛋去壳、切小片；豇豆去老丝、洗净切段，备用。
2. 热锅，倒入2大匙油，放入蒜泥、红辣椒末、咸蛋片炒香后盛出，备用。
3. 锅中放入豇豆炒透，再加入做法2的咸蛋片及所有调味料炒匀即可。

417 干煸苦瓜

材料

苦瓜············200克
红辣椒············5克
蒜头·············3克
葱···············10克
小鱼干··········10克
奶油·············5克

调味料

盐···············1小匙
白胡椒粉·······1/2小匙

做法

1. 将苦瓜洗净剖开去白膜切片；小鱼干洗净备用。
2. 起一油锅，将油加热至150℃，加入做法1的所有材料炸至微黄，捞起备用。
3. 将葱、红辣椒、蒜头切末备用。
4. 热锅，加入奶油和做法3的材料爆香，再放入炸过的苦瓜片、小鱼干和所有调味料快炒均匀即可。

418 小黄瓜煎蛋

材料

鸡蛋··············3个
小黄瓜·········150克

调味料

盐···············1/4小匙
胡椒粉···········少许
米酒·············1小匙
淀粉·············少许

做法

1. 小黄瓜洗净切丝；鸡蛋打散成蛋液。
2. 将小黄瓜丝、蛋夜及所有调味料搅拌均匀。
3. 热锅，倒入少许油，再倒入做法2的材料以小火煎至定型，再翻面煎熟至上色即可。

注：煎蛋时可以在调味料中加入少许淀粉拌匀，这样能让煎蛋口感更滑嫩好吃。

419 香油红菜

材料
红菜 ············· 120克
姜丝 ············· 20克

调味料
香油 ············· 3大匙
盐 ············· 1小匙
细砂糖 ········· 1/2小匙
米酒 ············· 1/2小匙

做法
1. 热一炒锅，加入香油，接着放入姜丝炒香。
2. 再放入红菜与其他调味料炒熟即可。

420 苦瓜炒牛肉片

材料
火锅牛肉片100克、
苦瓜1条、蒜头2个、
咸蛋1个、色拉油适量

调味料
细砂糖1/2小匙、盐
1/2小匙、水1大匙

做法
1. 蒜头去皮，洗净切片；苦瓜去籽去膜，洗净切小段；咸蛋去壳切碎，备用。
2. 取一锅，加水1000毫升（材料外）煮沸，将苦瓜段烫熟，捞出泡冷水后沥干备用。
3. 取一炒锅，加少许色拉油加热，爆香蒜片，放入牛肉片炒至八分熟盛出备用。
4. 锅中再加少许色拉油，放入咸蛋碎炒到冒泡后，放入苦瓜段、牛肉片炒匀，最后加入所有调味料拌匀即可。

421 绿豆芽韭菜炒肉片

材料
火锅五花肉片100克、
蒜头2个、绿豆芽100
克、韭菜30克、新鲜黑
木耳2朵、鸡蛋1个

调味料
酱油1小匙、盐1小
匙、细砂糖1/2小匙

做法
1. 蒜头洗净，去皮切片；豆芽去头洗净；韭菜洗净切段；鸡蛋打散成蛋液；新鲜黑木耳去蒂头，洗净切丝，备用。
2. 取一炒锅，加少许色拉油烧热，倒入蛋液炒至八分熟后取出，放入火锅五花肉片煸熟，盛出备用。
3. 锅中放入蒜片爆香，再放入豆芽、韭菜段、黑木耳丝炒熟。
4. 最后放入蛋片、五花肉片及所有调味料拌匀即可。

卤肉事前准备

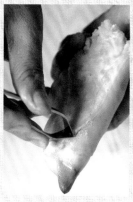

◎拔毛不可省

如果是带皮猪肉如猪脚、五花肉等，虽然购买时商家都会做去毛处理，不过回家还是要再检查一遍，有些死角的毛需要用夹子细心剔除，建议可以先汆烫，烫过之后猪毛会更好去除。

◎切块有妙招

猪肉需要切块，但软软的不好切，这里告诉你两个妙招：一是先略为冰冻30分钟（但不是冰得硬邦邦），二是直接先大块肉汆烫一下，两种方法都可以让肉定型，切出来美观又工整。

◎汆烫更卫生

汆烫的主要目的是去脏物、去血水，顺便把浮渣都先清除，尤其是腿部细菌较多，汆烫过后比较卫生干净，吃起来也更安心。

◎挑选好猪肉

好的猪肉应呈现粉嫩、鲜红的色泽。靠近猪肉闻一闻，如果有异味，表示猪肉已不新鲜。此外新鲜的猪肉应该具有弹性，购买前稍微按一下，富有弹性的猪肉就可以放心选购。

◎泡水口感佳

肉汆烫过后要立刻泡水，因为肉质加热会扩张，但立刻放入冷水中，可让肉质收缩紧实，吃起来才会有Q劲。

◎腌渍去腥味

制作之前先腌渍，通常使用酱油、米酒，或是葱、姜、蒜等味道浓厚的调味料以及辛香料，让肉去腥、入味。

◎油炸不松散

经过长时间炖煮，肉会变松、软烂。为了避免这种情况，先油炸有定型作用，可防止炖卤时肉质分离和松散，食用起来较有Q劲。油炸时，油温应保持在140～160℃，并以大火炸肉，待肉表面呈金黄色时即可捞起。

◎砂锅增美味

砂锅保温性佳，所以煮出来的汤汁不但浓郁且又鲜美，并能保持食物的原味，汤汁分量应为锅的八分满，以避免沸腾时汤汁溢出，且沸腾后就要转小火，慢慢卤味道才会香醇浓厚。

422 北部卤肉

材料
猪肉泥600克、猪皮150克、红葱头80克、蒜泥15克、猪皮高汤1000毫升

调味料
白胡椒粉1/4小匙、五香粉少许、肉桂粉少许、酱油150克、米酒50毫升、细砂糖1大匙、糖色1大匙

做法
1. 红葱头洗净，切末备用。
2. 热锅，加入适量的油，再放入红葱末与蒜泥爆香，用小火炒至呈金黄色后捞出，备用（保留锅中油分）。
3. 将猪皮洗净，放入沸水中煮20分钟，捞起切小块备用。
4. 重新加热炒锅，放入猪肉泥炒至肉色变白。
5. 加入爆香的红葱末、蒜泥和五香粉炒香，继续加入肉桂粉和剩余调味料炒至入味。
6. 接着加入切小的猪皮块和煮猪皮的高汤，煮沸后转小火，并盖上锅盖，再煮约90分钟即可。

注：将300克细砂糖放入锅中，以小火炒至金红色，待糖液煮至冒泡，加入300毫升的水炒匀，即为糖色。

423 南部卤肉

材料

猪肉泥 ………… 600克
猪皮 …………… 150克
红葱头 ………… 80克
蒜泥 …………… 15克
猪皮高汤 … 1000毫升

调味料

白胡椒粉 ……… 1/4小匙
酱油 …………… 150克
米酒 ………… 50毫升
细砂糖 ………… 3大匙

做法

1. 红葱头洗净切末，与蒜泥一起放入烧热的油锅中爆香，用小火炒至呈金黄色后捞出，备用（保留锅中油分）。
2. 将猪皮洗净，放入沸水中煮20分钟，捞起切小块。
3. 重新加热炒锅，放入猪肉泥炒至肉色变白。
4. 加入爆香的红葱末、蒜泥和所有调味料炒香，再倒入煮猪皮的高汤继续煮。
5. 再放入猪皮块，煮沸后转小火盖上锅盖，再煮约90分钟，煮至汤汁浓稠即可。

424 手切卤肉

材料

五花肉 ………… 300克
猪皮 …………… 50克
蒜蓉 …………… 10克
红葱头末 ……… 10克
洋葱末 ………… 少许
高汤 ………… 900毫升

调味料

酱油 …………… 6大匙
冰糖 …………… 2大匙
糖色 …………… 1小匙
米酒 …………… 4大匙
五香粉 ………… 1小匙
肉桂粉 ………… 1小匙

做法

1. 将五花肉和猪皮洗净，放入沸水中汆烫，再一起放入沸水中煮20分钟。
2. 将五花肉捞起切细条，猪皮捞起切细条。
3. 热油锅，放入五花肉条、猪皮条炒香。
4. 放入蒜蓉和红葱头末炒香，再放入洋葱末和所有调味料。
5. 倒入高汤煮沸，转小火盖上锅盖，再煮约90分钟，煮至汤汁浓稠即可。

注：高汤可视个人方便，选用煮猪皮的高汤、煮五花肉的高汤或水皆可。

425 五香猪皮肉臊

材料
猪皮 …………300克
红葱头末………50克
蒜泥 …………10克
猪皮高汤… 1200毫升

调味料
酱油 …………6大匙
冰糖 …………2大匙
糖色 …………1大匙
米酒 …………3大匙
五香粉 …………少许
甘草粉 …………少许
白胡椒粉 ………少许

做法
1. 猪皮洗净,放入沸水中汆烫。
2. 猪皮再放入沸水中煮20分钟,煮软化后切宽块备用。
3. 热锅,加入油(材料外),再放入红葱头末与蒜泥爆香,用小火炒至呈金黄色后捞出,备用(保留锅中油分)。
4. 重新加热炒锅,放入猪皮块和爆香的红葱头末、蒜泥炒香,加入五香粉炒至入味。
5. 继续加入酱油等剩余调味料(米酒先不加入)炒至上色,并加入煮猪皮的高汤。
6. 煮沸后,转小火,加入米酒并盖上锅盖,再煮约30分钟即可。

426 瓜仔卤肉

材料

猪肉泥300克、花瓜100克、蒜头10个、瓜仔卤汁适量、色拉油1大匙

调味料

酱油膏4大匙、细砂糖1小匙、热开水1大匙

做法

1. 将花瓜、蒜头分别洗净，剁碎备用。
2. 再热锅，加入1大匙色拉油，放入蒜头碎爆炒再放入猪肉泥炒香，放入花瓜碎和瓜仔卤汁后，移入炖锅。
3. 以大火煮沸后，转小火盖上锅盖，卤60分钟即可。

● 瓜仔卤汁 ●

材料：水800毫升、酱油5大匙、冰糖2大匙、糖色1大匙、米酒3大匙、五香粉1小匙
做法：将水放入锅中煮沸，再加入其余所有材料煮至均匀即可。

427 香菇赤肉

材料

猪腿肉	600克
猪皮	200克
香菇	100克
红葱头末	100克

调味料

猪油	5大匙
香菇赤肉汁	适量

做法

1. 将猪腿肉和猪皮放入沸水中，以中火煮25分钟后，分别捞起切成细丁状。
2. 香菇用水泡软，洗净切成细丝状。
3. 锅中放入猪油，烧热后加入红葱头末炒香，加入做法1、做法2的所有材料炒香。
4. 再倒入香菇赤肉汁用大火煮滚后，转小火盖上盖子，卤90分钟即可。

● 香菇赤肉汁 ●

材料：水1600毫升、酱油180毫升、冰糖2大匙、糖色1大匙、米酒3大匙、五香粉少许、白胡椒粉少许
做法：将水放入锅中煮沸，再加入其余所有材料煮至均匀即可。

428 红烧狮子头

材料
猪肉泥500克、荸荠80克、姜30克、葱白2根、水50毫升、鸡蛋1个、淀粉2小匙、水淀粉3大匙、大白菜适量

调味料
A. 绍兴酒1小匙、盐1小匙、酱油1小匙、细砂糖1大匙
B. 姜片3片、葱1根、水500毫升、酱油3大匙、糖1小匙、绍兴酒2大匙

做法
1. 先将荸荠洗净去皮切末；姜洗净去皮切末；葱白洗净切段，加水打成汁后过滤去渣；鸡蛋打散成蛋液。
2. 猪肉泥与盐混合，摔打搅拌至呈胶黏状，再依次加入做法1的材料、调味料A和蛋液，搅拌摔打。
3. 继续加入淀粉拌匀，再平均分成10颗肉丸状。
4. 备一锅热油（材料外），以手沾取水淀粉后再均匀地裹在肉丸上，将肉丸放入油锅中炸至表面呈金黄后捞出。
5. 取一锅，先放入调味料B，再将炸过的肉丸加入，以小火炖煮2小时。
6. 最后将大白菜洗净，放入煮好的沸水中汆烫，再捞起沥干，放入煮好的肉丸中即可。

429 葱花肉臊

材料

猪肉泥 ……… 300克
葱花 ……… 80克
高汤 ……… 100毫升
色拉油 ……… 2大匙

调味料

酱油 ……… 2大匙
盐 ……… 少许
细砂糖 ……… 1/2小匙
胡椒粉 ……… 少许

做法

1. 取锅倒入2大匙色拉油，热至约80℃下猪肉泥。
2. 开大火，炒至猪肉泥变白散开后，加入葱花炒香。
3. 将所有调味料淋在猪肉泥上。
4. 以小火慢炒约15分钟，直至猪肉泥完全无水分且表面略焦黄即可。

430 红糟肉臊

材料

猪肉泥 ……… 500克
红糖 ……… 50克
蒜泥 ……… 10克
姜末 ……… 10克
高汤 ……… 700毫升
色拉油 ……… 3大匙

调味料

盐 ……… 少许
冰糖 ……… 1大匙
酱油膏 ……… 1小匙
绍兴酒 ……… 1大匙

做法

1. 热锅，加入3大匙色拉油，放入蒜泥、姜末爆香，再加入猪肉泥炒至颜色变白且出油，接着放入红糖炒香。
2. 于锅中加入所有调味料拌炒至入味，再加入高汤煮沸，煮沸后转小火继续煮约30分钟，待香味溢出即可。

431 腐乳肉臊

材料

五花肉450克、腐乳6块、红葱头末10克、蒜泥20克、水700毫升、色拉油3大匙

调味料

酱油1大匙、盐少许、细砂糖1/2大匙、米酒2大匙

做法

1. 五花肉洗净切丁备用。
2. 热锅，加入3大匙色拉油，加入蒜泥、红葱头末爆香，放入五花肉丁炒香至变色。
3. 在锅中放入所有调味料和腐乳炒至均匀，再加入水煮沸，转小火煮50分钟即可。

注：上桌时可搭配市售的辣脆笋和香菜一起食用，风味更佳。

432 鱼香肉臊

材料

猪肉泥 ………… 600克
葱 ……………… 3根
姜 ……………… 30克
蒜头 …………… 5个

调味料

酱油 …………… 3大匙
辣豆瓣酱 ……… 5大匙
细砂糖 ………… 2大匙
米酒 …………… 3大匙
水 ………… 1400毫升

做法

1. 将葱、姜、蒜头切碎，备用。
2. 热油锅，放入葱、姜、蒜碎爆香，加入猪肉泥炒香，放入所有调味料，再移入炖锅中。
3. 将炖锅中的材料用大火煮沸，再转小火盖上锅盖，炖煮50分钟即可。

433 素肉臊

材料

香菇蒂 ………… 100克
豆干 …………… 80克
杏鲍菇 ………… 300克
色拉油 ………… 1大匙

调味料

水 ………… 1300毫升
酱油 …………… 4大匙
冰糖 …………… 3大匙
糖色 …………… 1大匙
素沙茶 ………… 2大匙
素蚝油 ………… 1大匙
五香粉 ………… 少许
白胡椒粉 ……… 少许

做法

1. 香菇蒂泡软，和豆干、杏鲍菇分别洗净，切成小丁状备用。
2. 将调味料中的水放入锅中煮沸，再加入其余调味料煮至均匀，即为素肉臊卤汁。
3. 热锅，加入1大匙色拉油，将做法1的所有材料放入锅中炒香，然后加入素肉臊卤汁。
4. 用大火煮开后转小火，盖上锅盖炖煮50分钟即可。

434 豆酱肉臊

材料

猪肉泥300克、蒜泥15克、姜末15克、葱花10克、白豆酱50克、红辣椒片10克、水700毫升、2大匙油

调味料

盐少许、冰糖1小匙、米酒1大匙

做法

1. 取锅烧热后倒入2大匙油，加入蒜泥、姜末爆香。
2. 锅中放入猪肉泥炒散，加入白豆酱与所有调味料炒香。
3. 将做法2的材料加水煮沸后，转小火煮30分钟，加入红辣椒片、葱花略煮即可。

435 香葱鸡肉臊

材料

去骨土鸡腿肉	400克
洋葱	100克
姜	10克
葱	50克
红葱酥	30克
色拉油	100毫升

调味料

酱油	100毫升
水	700毫升
细砂糖	1大匙

做法

1. 鸡腿肉洗净、剁碎成泥。
2. 洋葱、姜去皮，与葱一起洗净、切碎。
3. 锅中倒入约100毫升色拉油烧热，放入做法2的材料以小火爆香，再加入鸡腿肉泥炒至肉表面变白散开。
4. 接着加入所有调味料，煮沸后加入红葱酥，以小火煮约15分钟即可。

436 旗鱼肉臊

材料

旗鱼肉300克、米酒少许、淀粉少许、蒜苗15克、蒜泥10克、姜末10克、红辣椒末20克、水200毫升、油2大匙

调味料

酱油2.5大匙、酱油膏1小匙、冰糖少许、陈醋1/2小匙

做法

1. 将旗鱼肉洗净、去皮，切条状后再切小丁，备用。
2. 将旗鱼丁加入米酒、淀粉腌渍5分钟；蒜苗洗净分切成蒜白、蒜绿，备用。
3. 锅烧热倒入2大匙油，放入蒜泥、姜末、红辣椒末爆香。
4. 加入旗鱼丁，炒至颜色变白后，加入蒜白拌炒。
5. 然后加入调味料炒香，加水煮3分钟后，放入蒜绿拌炒均匀即可。

437 笋丁卤肉

材料

五花肉400克、沙拉笋200克、蒜泥20克、油葱酥10克、水1000毫升、色拉油3大匙

调味料

酱油90毫升、酱油膏40毫升、冰糖1小匙、味淋3大匙、米酒1大匙、白胡椒粉少许

做法

1. 五花肉洗净切细丁；沙拉笋洗净切细丁，备用。
2. 热锅，加入3大匙色拉油，加入蒜泥爆香，放入五花肉丁炒香至颜色变白。
3. 在锅中放入所有调味料炒香，加入笋丁炒均匀，再加入水煮滚，转小火煮40分钟。
4. 最后加入油葱酥再煮15分钟即可。

438 炸酱肉臊

材料

粗猪肉泥400克、豆干200克、豌豆仁30克、红葱头末30克、蒜泥10克、水800毫升、色拉油4大匙

调味料

甜面酱2大匙、豆瓣酱2大匙、酱油1大匙、细砂糖1/2大匙

做法

1. 豆干洗净切细丁，备用。
2. 热锅，加入4大匙色拉油，放入豆干丁炒香盛出，加入红葱头末和蒜泥爆香，再加入粗猪肉泥炒香至颜色变白。
3. 再放入所有调味料炒香，加入水煮沸，转小火继续煮45分钟，再放入豆干丁及豌豆仁拌匀，煮至入味即可。

439 笋块卤肉

材料

五花肉600克、竹笋250克、葱1根、蒜头6个、红辣椒1根、高汤1500毫升、油适量

调味料

盐1/2小匙、细砂糖1小匙、酱油1大匙、米酒1大匙

做法

1. 竹笋洗净去壳，切成菱形块后，以2000毫升的沸水（材料外）汆烫备用。
2. 五花肉洗净切块状；红辣椒洗净切段，备用。
3. 热锅，放入适量的油，将蒜头、葱、红辣椒段入锅爆香后，加入五花肉块炒香。
4. 再加入竹笋块、高汤及所有调味料以大火煮至沸腾，转小火继续焖煮约50分钟即可。

440 五香肉酱

材料

猪肉泥 ………… 300克
蒜泥 …………… 10克
红葱花 ………… 10克
水 …………… 800毫升
油 …………… 2大匙

调味料

五香粉 ……… 1/2小匙
冰糖 …………… 1小匙
米酒 …………… 1大匙
酱油 ………… 50毫升
盐 …………… 少许

做法

1. 取锅烧热后倒入2大匙油,加入蒜泥、红葱花爆香。
2. 在做法1的材料中加入猪肉泥,炒至颜色变白后,放入五香粉炒香。
3. 将做法2的材料加入剩余调味料略炒,加水煮滚后,转小火煮30分钟即可。

441 辣味肉酱

材料

猪肉 …………… 350克
蒜头 …………… 15克
红辣椒 ………… 15克
水 …………… 600毫升
油 …………… 2大匙

调味料

辣椒酱 ………… 3大匙
酱油 …………… 1大匙
盐 …………… 1/4小匙
冰糖 …………… 1小匙

做法

1. 将蒜头、红辣椒洗净切片;猪肉洗净切成肉泥,备用。
2. 取锅烧热后倒入2大匙油,加入蒜片、红辣椒片爆香。
3. 放入猪肉泥炒出香味,加入辣椒酱继续炒。
4. 加水,并加入剩余调味料煮沸后,转小火煮30分钟即可。

442 黑胡椒肉酱

材料

猪肉泥 ………… 100克
洋葱末 ………… 20克
面粉 ………… 1/2大匙
市售高汤 …… 400毫升

调味料

黑胡椒粉 ……… 1大匙
A1辣酱油 …… 1/2大匙
综合香料 …… 1/4小匙
鸡精 ………… 1/2小匙

做法

1. 取锅烧热后放入黑胡椒粉、洋葱末炒香,再加入猪肉泥炒至金黄色。
2. 加入A1辣酱油、面粉、综合香料与市售高汤,以小火熬煮约10分钟。
3. 最后加入鸡精调味即可。

443 意式牛肉酱

材料

牛肉泥 ············· 80克
洋葱 ··············· 5克
西芹 ··············· 5克
胡萝卜 ············· 5克
蒜泥 ··············· 5克
罐装番茄 ········· 30克
番茄丁 ············· 20克
面粉 ··············· 1大匙
欧芹末 ··········· 1/8小匙
市售牛高汤500毫升

调味料

盐 ··············· 1/4小匙

做法

1. 将洋葱洗净切末；西芹削皮洗净后切末；胡萝卜洗净切末，备用。
2. 取锅加热后，放入牛肉泥、蒜泥、洋葱末、胡萝卜末与西芹末炒出香味。
3. 将做法2的材料炒至呈金黄色后，加入面粉、番茄丁与罐装番茄略炒。
4. 再加入市售牛高汤，以小火熬煮约10分钟。
5. 加盐调味，撒上欧芹末拌匀即可。

444 椒辣牛肉酱

材料

牛肉泥 ··········· 300克
肥肉泥 ··········· 50克
洋葱末 ··········· 80克
蒜泥 ············· 10克
红辣椒片 ········· 10克
水 ··············· 800毫升
油 ··············· 2大匙

调味料

黑胡椒 ··········· 1小匙
酱油 ············· 1大匙
辣酱油 ··········· 1小匙
盐 ··············· 少许
冰糖 ············· 少许

做法

1. 取锅烧热后，倒入2大匙油，加入洋葱末、蒜泥爆香。
2. 放入红辣椒片、牛肉泥、肥肉泥炒至变色，放入所有调味料炒香。
3. 加入水煮沸后，转小火煮约20分钟即可。

227

445 酒香牛肉酱

材料

牛肉泥 ···········80克
蘑菇 ·············20克
圣女果 ···········1大匙
面粉 ·············1/2大匙
红酒 ·············200毫升
市售高汤·····300毫升

调味料

俄力冈香料···1/8小匙
鸡精 ·········1/2小匙

做法

1. 将蘑菇洗净切片；圣女果洗净切片，备用。
2. 取锅烧热后，放入牛肉泥与蘑菇片炒出香味。
3. 加入圣女果片、俄力冈香料、面粉、红酒与市售高汤，以小火熬煮约30分钟，加入鸡精调味即可。

446 迷迭香 番茄鸡肉酱

材料

鸡胸肉末·········100克
去皮番茄丁·····2大匙
面粉 ············1/4小匙
橄榄油 ···········1大匙
白酒 ············1大匙
番茄酱 ···········2大匙
市售高汤·····200毫升

调味料

迷迭香末·······1/4小匙
鸡精 ···········1/2大匙

做法

1. 取锅烧热后倒入1大匙橄榄油，放入迷迭香末、鸡胸肉末、去皮番茄丁炒出香味。
2. 加入白酒、番茄酱、面粉与市售高汤，以小火熬煮3分钟。
3. 再加入鸡精拌煮匀即可。

447 茴香辣味鸡肉酱

材料

鸡胸肉末········120克
红辣椒末······1/4小匙
小茴香末······1/8小匙
蒜泥 ············1/4小匙
香菜末 ··········1/4小匙
橄榄油 ···········1大匙

调味料

市售泰式烧鸡酱2大匙

做法

1. 取锅烧热后加入1大匙橄榄油，加入鸡胸肉末、红辣椒末炒出香味。
2. 再加入小茴香末、蒜泥、香菜末炒匀，最后加入市售泰式烧鸡酱调味即可。

448 焢肉

材料
五花肉 ………… 600克
葱段 ………… 30克
红辣椒 ………… 2根
蒜头 ………… 30克
姜片 ………… 10克

调味料
酱油 ………… 4大匙
冰糖 ………… 2大匙
米酒 ………… 1大匙
水 ………… 1200毫升

卤包
八角 ………… 2粒
桂枝 ………… 10克
甘草 ………… 5克
花椒 ………… 5克
陈皮 ………… 5克

做法
1. 将五花肉洗净，入沸水中余煮20分后捞起，均匀抹点酱油上色。
2. 将五花肉放入160℃的油锅中，油炸15秒后捞起沥干。
3. 将炸过的五花肉切成厚片。
4. 热油锅，放入葱段、红辣椒、蒜头、姜片炒香，再放入五花肉片炒香。
5. 放入酱油、冰糖、米酒调味，倒入1200毫升的水，移入炖锅中。
6. 最后加入卤包，用大火煮沸后，转小火盖上盖子，卤50分钟至软即可。

449 梅菜卤肉

材料

梅菜············100克
五花肉·········400克
姜···············30克
红辣椒··········30克
蒜头·············40克
色拉油·········2大匙

调味料

酱油··········200毫升
鸡精·············1小匙
细砂糖·········3大匙
水·············800毫升

做法

1. 梅菜泡冷水约30分钟后洗净，沥干水分切小段备用。
2. 姜、蒜头洗净，沥干水分切碎；红辣椒洗净切段；五花肉洗净，沥干水分切小块，备用。
3. 热锅，倒入2大匙色拉油，以小火爆香姜碎、红辣椒段、蒜头碎，加入五花肉块拌炒至猪肉表皮变白后，加入所有调味料和梅菜段，煮沸后转小火煮约30分钟，熄火后焖20分钟即可。

450 甘蔗卤肉

材料

五花肉·········400克
甘蔗············120克
姜···············20克
蒜头·············20克
八角·············6克
桂皮·············10克
色拉油·········3大匙

调味料

酱油··········300毫升
细砂糖·········1大匙
米酒··········100毫升
水·············800毫升

做法

1. 五花肉洗净切小块；蒜头和姜洗净切碎；甘蔗洗净拍破，备用。
2. 热锅，倒入3大匙色拉油，以小火爆香蒜碎和姜碎，加入五花肉块拌炒至猪肉表面变白，加入甘蔗、八角、桂皮以及所有调味料，煮沸后转小火炖煮约1小时即可。

451 白菜卤肉

材料

五花肉 ·········· 300克
大白菜 ·········· 400克
胡萝卜 ·········· 10克
水 ·············· 700毫升
八角 ·············· 2粒

调味料

盐 ················ 2大匙

做法

1. 将五花肉洗净切块；胡萝卜洗净切丝；大白菜洗净切块。
2. 热油锅，加入胡萝卜丝炒香，加入八角、盐、水和五花肉块，再移入炖锅中。
3. 将炖锅中的材料用大火煮滚后，转小火盖好锅盖卤30分钟，加入大白菜块，继续卤20分钟即可。

452 萝卜烧肉

材料

五花肉600克、胡萝卜350克、蒜头4个、葱3根、市售高汤1500毫升、油适量

调味料

盐1/2小匙、酱油1小匙、细砂糖1/2小匙、米酒1大匙

做法

1. 五花肉洗净切块；胡萝卜洗净切菱形块；葱洗净切长段，备用。
2. 热一锅，放入适量的油，将蒜头、葱段炸至金黄色。
3. 锅中留下少许油，做法2的材料保留，加入五花肉块炒香。
4. 加入胡萝卜块、市售高汤及所有调味料，以大火煮至沸腾后，转小火加上锅盖，继续焖煮约50分钟即可。

453 番茄卤肉

材料

猪腿肉块 ·········· 300克
番茄块 ·········· 90克
葱段 ·············· 10克

卤包

八角 ·············· 3粒
陈皮 ·············· 2克
甘草 ·············· 3克
孜然 ·············· 2克

调味料

酱油 ·············· 1大匙
盐 ················ 1小匙
味淋 ·············· 3大匙
番茄酱 ············ 1大匙
水 ················ 700毫升

做法

1. 热油锅，放入葱段爆香，加入猪腿肉块、番茄块炒香，放入所有调味料和卤包。
2. 将做法1的材料用大火煮沸，再转小火盖上锅盖，炖煮45分钟即可。

231

454 红烧五花肉

材料

五花肉 ……… 600克
蒜头 ……… 6个
葱 ……… 2根
市售高汤 … 1500毫升
油 ……… 适量

调味料

酱油 ……… 1大匙
盐 ……… 1/2小匙
细砂糖 ……… 1小匙
米酒 ……… 1大匙

做法

1. 五花肉洗净切块状；葱洗净切段，备用。
2. 热一锅，放入适量的油，将蒜头、葱段入锅爆香。
3. 加入五花肉块、市售高汤及所有调味料以大火煮至沸腾，转小火焖煮约50分钟即可。

455 香卤猪脚

材料

猪脚 ……… 1100克
姜片 ……… 2片
葱段 ……… 15克
蒜头 ……… 5个
八角 ……… 2颗
干辣椒段 ……… 5克
桂叶 ……… 3片
水 ……… 1800毫升

调味料

酱油 ……… 200毫升
番茄酱 ……… 20毫升
酱油膏 ……… 50毫升
冰糖 ……… 20克
米酒 ……… 50毫升

做法

1. 猪脚洗净，放入沸水中汆烫10分钟去除杂质，捞出冲洗干净，沥干备用。
2. 热锅，倒入稍多的油（材料外），放入猪脚炸约3分钟，至表面变色，取出备用。
3. 锅中留约2大匙油，放入姜片、葱段、蒜头、八角、干辣椒段爆香，再放入所有调味料、水、桂叶与炸猪脚炒香。
4. 将猪脚与汤汁一同倒入卤锅中，盖上锅盖，以小火卤约80分钟即可。

456 烧卤鸡块

材料
鸡腿·················1只
胡萝卜············1/2条
鲜香菇··············4朵
豌豆角··············适量
葱·····················1根
水·················300毫升
油··················3大匙

调味料
酱油············50毫升
蚝油··············30克
细砂糖············2大匙
米酒············30毫升

做法
1. 鸡腿洗净切块；胡萝卜洗净切滚刀块；鲜香菇洗净对切；豌豆角洗净切段，备用。
2. 热锅加入2大匙油，放入鸡腿块炒至上色，再放入做法1其余的材料略拌炒后盛出。
3. 葱洗净切段，热锅倒入1大匙油，放入葱段爆香至微焦，放入所有调味料炒香后，移入卤锅，加入水煮沸即为烧卤卤汁。
4. 锅中放入材料2，加入300毫升烧卤卤汁煮至沸腾后，转小火煮至汤汁略收即可。

457 红糖卤鸡肉

材料
鸡胸肉··········300克
红甜椒···········1/2个
黄甜椒···········1/2个
蘑菇················4朵
蒜头················5个
小黄瓜··············1条
油··················1大匙

调味料
酱油··········100毫升
蚝油··············30克
细砂糖············2大匙
米酒············30毫升
红糖酱··········1.5大匙
水·············500毫升

做法
1. 鸡胸肉洗净切块；红、黄甜椒洗净切块；蘑菇洗净对切；小黄瓜洗净切段备用。
2. 热锅，加入1大匙油，放入蒜头炒香后，再加入鸡胸肉块炒至上色。
3. 然后加入所有调味料和甜椒块、蘑菇、小黄瓜段煮沸后，转小火煮至汤汁略收即可。

458 台式卤鸡腿

材料
棒棒腿 ············ 3只
蒜头 ············ 4个
姜 ············ 10克
葱 ············ 2根
红辣椒 ············ 1根
色拉油 ············ 1大匙

调味料
酱油 ············ 5大匙
鸡精 ············ 1小匙
细砂糖 ············ 1大匙
盐 ············ 少许
白胡椒粉 ············ 少许
市售卤味包 ············ 1个
水 ············ 600毫升

做法
1. 将蒜头、姜洗净拍扁；葱洗净切大段，备用。
2. 起一个炒锅，加入1大匙色拉油，再加入做法1的所有材料以中火爆香。
3. 棒棒腿洗净放入炒锅中，再加入所有的调味料和红辣椒，以小火煮约20分钟即可。

459 卤味锅

材料
生菜 ············ 200克
金针菇 ············ 200克
贡丸 ············ 8颗
甜不辣 ············ 4片
米血 ············ 4块
花干 ············ 4块
水晶饺 ············ 4个
泡面 ············ 2包

调味料
水 ············ 2000毫升
市售卤味包 ············ 1个
酱油 ············ 2杯
细砂糖 ············ 2大匙

做法
1. 先将所有材料（除泡面和水晶饺外）洗净。
2. 将生菜去根切段；金针菇去尾；甜不辣、米血和花干切块，备用。
3. 取一锅，将调味料全部放入锅中以大火煮沸。
4. 材料可依个人喜好依次放入锅中，以大火煮熟即可。

460 白菜卤

材料

大白菜 ··········500克
香菇 ··············20克
胡萝卜 ·············5克
黑木耳 ·············2克
葱段 ···············5克
色拉油 ············少许

调味料

盐 ··············1/4小匙
细砂糖 ·········1/4小匙
香油 ·············1/4匙
市售鸡高汤300毫升

做法

1. 大白菜切成大块状，洗净沥干水分备用。
2. 香菇泡冷水至软，取出切片备用。
3. 胡萝卜去皮，洗净切丝；黑木耳泡冷水至泡发膨胀，取出切丝，备用。
4. 热锅，倒入少许色拉油，加入葱段和香菇片以中火爆香，再加入大白菜块、做法3的材料以及所有调味料，煮沸后转小火炖煮至大白菜软化即可。

461 笋丝卤福菜

材料

笋丝 ··············300克
福菜 ···············30克
姜片 ···············10克
油 ·················3大匙

调味料

酱油 ··············少许
盐 ··············1/4小匙
细砂糖 ·········1/4小匙
水 ·············600毫升

做法

1. 笋丝泡水2小时后洗净，放入沸水中汆烫约5分钟后捞起，备用。
2. 福菜洗净切小段，备用。
3. 热锅，加入3大匙油，爆香姜片，再加入笋丝与福菜拌炒均匀，接着加入所有调味料拌匀煮沸，转小火加盖煮约15分钟，再熄火焖约5分钟后即可。

462 卤煮杏鲍菇

材料

五花肉	300克
杏鲍菇	300克
葱	1根
姜片	2片
八角	1颗
水	300毫升
蒜仁	少许
油	1大匙

调味料

酱油	100毫升
米酒	15毫升
细砂糖	1大匙

做法

1. 五花肉洗净切块；杏鲍菇洗净切滚刀；葱洗净切段，备用。
2. 取锅，加入1大匙油烧热，放入姜片、蒜仁和葱段爆香，再放入五花肉块炒至表面焦香后，加入八角、酱油、米酒、水和细砂糖略焖煮至五花肉软嫩。
3. 然后放入杏鲍菇，转小火继续焖煮至熟透且酱汁浓稠后盛盘，再撒上葱花（材料外）即可。

463 蛋酥卤白菜

材料

大白菜	400克
黑木耳	30克
胡萝卜	20克
鸡蛋	2个
蒜泥	少许
葱段	15克
肉丝	80克
高汤	400毫升
色拉油	约3大匙

调味料

盐	1/2小匙
细砂糖	1/2匙
鸡精	少许
陈醋	少许
胡椒粉	少许
酱油	少许

腌料

盐	少许
淀粉	少许
米酒	少许

做法

1. 大白菜、黑木耳、胡萝卜洗净后切片；将鸡蛋倒入碗中打散备用；肉丝加入腌料拌匀并腌渍5分钟。
2. 热锅，加入适量色拉油，倒入打散的蛋液，以中火炸酥后，捞出沥油备用。
3. 将锅洗净，加入2大匙色拉油，先将蒜泥、葱段爆香，再放入肉丝、大白菜片、黑木耳片、胡萝卜片拌炒后，加入高汤煮沸，最后放入蛋酥和所有调味料，混合搅拌煮至入味即可。

464 红酒炖牛肉

材料

牛肋条600克、胡萝卜300克、苹果2个、蘑菇200克、西蓝花200克、奶油2大匙、蒜泥15克、洋葱末15克、市售牛高汤2000毫升

调味料

A.红酒200毫升、市售褐酱2大匙、桂叶2片、百里香粉1小匙、俄力冈粉1小匙
B.奶油30克、面粉30克
C.盐少许

做法

1. 胡萝卜洗净切块；苹果去蒂切块，泡盐水；蘑菇洗净切半，烫熟；西蓝花剥小颗，洗净烫熟；牛肋条氽烫冷却，切小块备用。
2. 热锅加入材料中的奶油融化后，放入蒜泥、洋葱末爆香。
3. 加入胡萝卜块、苹果块一起拌炒，再加入牛肋条拌炒。
4. 依序放入红酒、市售牛高汤，再加入褐酱调色。
5. 再放入桂叶、百里香粉、俄力冈粉，以小火炖煮1.5小时后，加入蘑菇和西蓝花。
6. 另起一锅，加热融化调味料B中的奶油后，再加入面粉炒匀成面糊，倒入炖锅内勾芡，最后加盐调味即可。

465 家常炖牛肉

材料

牛腩500克、胡萝卜50克、土豆100克、姜片3片、葱1根、八角4个、水3000毫升

调味料

酱油3大匙、细砂糖1大匙、米酒2大匙

做法

1. 将牛腩切块，取一热锅将牛腩块入锅中氽烫至熟，捞出后以冷水洗净备用。
2. 土豆、胡萝卜分别洗净后，去皮切块；葱洗净切段，备用。
3. 取一锅，放入做法1、做法2的材料及其余材料、所有调味料，以小火炖煮约2小时至入味且牛腩熟透即可。

466 啤酒炖牛肉

材料

牛肋条250克、西芹1棵、洋葱1个、胡萝卜1条、芦笋2支、蘑菇4朵、啤酒1000毫升、市售牛高汤500毫升

调味料

盐适量、胡椒粉少许

做法

1. 牛肋条洗净切块；西芹洗净切段；洋葱、胡萝卜去皮切块；将上述材料放入碗中，倒入500毫升啤酒放至冰箱冷藏一晚。
2. 取出大碗，以滤网过滤出啤酒，将牛肋条块和其余蔬菜分开备用。
3. 另取一锅倒入剩余的啤酒，将啤酒煮至剩一半分量。
4. 牛肋条块沾薄薄的低筋面粉（材料外）；热锅放入少许奶油（材料外）加热至融化，放入牛肋条块煎至上色，盛出备用。
5. 另热一锅，加入少许奶油（材料外）加热至融化，放入做法1的蔬菜，炒香后倒入啤酒、牛肋条块、市售牛高汤、蘑菇、芦笋，以小火炖煮50分钟，加入调味料拌匀即可。

467 麻辣牛杂锅

材料

牛筋500克、牛肚400克、豆干10片、姜末40克、蒜泥40克、花椒5克、水1000毫升

调味料

辣椒酱4大匙、细砂糖2大匙、米酒50毫升

做法

1. 牛筋及牛肚放入滚水，以中火烫煮约1小时，捞出洗净冲凉后，切小块备用；豆干洗净切方块备用。
2. 用小火将姜末、蒜泥及辣椒酱炒至散发出香味，再加入牛筋块、牛肚块及米酒继续炒约1分钟。
3. 将做法2的材料盛入汤锅中，加入豆干块、水、细砂糖及花椒以大火煮开后，转微火加盖煮约90分钟，关火焖约1小时即可。

卤出好味道的六大疑问

Q: 为什么卤肉时，水量必须盖过肉？

A: 水量要超过肉的高度，是为了避免有些肉浸在卤汁里，而有些肉露在空气中，这样卤出来味道不均匀，且颜色也有两截色差，不但不美观，也不美味。此外，如果经过长时间炖卤，水分蒸发太多，可以中途再加入热水，但注意一定要加热水，才不会一下子使温度下降太多，影响品质。

Q: 为什么要以小火卤煮？

A: 不论是制作东坡肉还是其他卤肉，用大火煮沸后，就应盖上锅盖转小火慢慢卤，长时间卤制是为了让肉入味，因此绝对不要心急用大火，不然长时间卤下来，肉汁的水分都流失了，肉吃起来又老又涩，因此一定要使卤汁保持微沸的状态，以小火卤就可以了。

Q: 如何判断肉卤熟了没？

A: 肉的部位不同，肉质也就不同，所以卤熟的时间也会不一样，可以拿筷子或是竹签戳戳看，若能很轻易戳下去就代表熟了。至于软烂程度则可依个人口感调整卤煮的时间长短。

Q: 卤肉一定要用冰糖吗？

A: 冰糖的甜味比较温和，不像细砂糖那样鲜明，所以除了能中和卤汁的咸味外，也能让卤汁更滑顺甘甜。很多传统卤肉都会在加了细砂糖后再加味精调和风味，使用冰糖可以省了味精，口感更佳。

Q: 卤汁与食材的颜色怎么淡淡的？

A: 千万不要以为是原本配方中的酱油太少喔！添加太多酱油只会过咸，如果只是想达到上色效果让卤汁与卤肉颜色好看的话，可以在配方外加入少许老抽（深色酱油）或是酱油膏来增色，这样就可以解决问题又不会太咸。

Q: 卤汁卤出来太油腻怎么办？

A: 为了让卤汁卤肉油亮美味，一般会使用脂肪含量较多的肉，所以常会出现卤汁表面浮着一层厚厚油脂的状况。除了直接用汤匙捞除外，也可以先将卤汁放入冰箱冷藏至表面脂肪凝固后再用汤匙刮除。

吃不完的卤肉保存妙招

避免反复进出冰箱

冷藏的卤肉在回温的过程中容易造成细菌急速增加，如此反复进出冰箱就容易腐坏。建议卤肉炖肉保存的时候可以用保鲜袋或保鲜盒以小量分装，这样每次只拿取一份食用就不用担心反复进出冰箱的问题了。

煮沸后先降温才放冷藏

煮沸的卤肉不能马上放进冰箱储存，否则会因温度差距过大，对冰箱造成损害，同时也会影响食物的保鲜效果，所以卤肉煮沸之后必须放凉，待降温至室温后，才可以放入冰箱保存。

卤肉的保存期限

一般的卤肉放在冰箱冷藏库可保存一星期；如果是冷冻，因为卤汁中含胶质与咸份，结冻后有防止腐坏的作用，约可存放2个月。

卤肉、卤汁各自冷藏

当天未吃完的卤肉和卤汁，应该要彻底分开来，将肉与汤各自放入冰箱中保存，不但可稳定双方的品质，也方便第二天加热。

不加水的卤肉配方保存更久

可调整卤肉材料的配方，不加水熬煮，每次要取用时，只取出所要使用的分量，加上高汤或水煮沸。不加水的卤肉配方可以存放更久。

煮沸可避免腐坏

没吃完的卤肉要先煮沸，除去多余水分的同时杀死细菌，放凉至室温后再放入冰箱保存；而且煮沸的卤肉放凉后，表面会有一层浮油，可以让卤肉隔绝空气，延长保存期限。

电饭锅达人养成班

如何购买一个好用又实惠的电饭锅？电饭锅怎么用更省电？如果这些问题让你困惑，那你一定要认真阅读下面的内容，并且灵活的学以致用，朝电饭锅达人之路大步迈进吧！

好用电饭锅这样选就对了！

1. 材质为首要关键

电饭锅最重要的部分当属内胆，电饭锅内胆要选择传热快，而且对人体无害的材质。以往的内胆材质以铝制为多，但由于铝制品会因高温产生氧化，从而释放出有害物质，并且有可能造成阿尔茨海默症，所以最好选择不锈钢材质的内胆。用304不锈钢加工而成的电饭锅内胆，符合不锈钢食具容器安全标准，可放心选购。但用201不锈钢、202不锈钢制成的内胆千万不能购买，因为这类不锈钢加热后会析出有害金属，影响人体健康。再者要看电饭锅是否通过安全验证、售后服务是否便利等。购买时还要注意电饭锅是否涂漆均匀、锅盖与锅体之间是否配合良好、内锅有无凹陷等问题。

2. 评估使用用途

通常要根据家庭人口的多少来确定购买多大容量和的功率电饭锅。电饭锅的容量指标是升，大约2个人对应1升的容量，一般家用电饭锅选用3至4升的容量就够了。电饭锅的功率也要选择适当。功率为500W的电饭锅，较适合三口之家使用，而700W的电饭锅则更适合人数较多的家庭选用。煮1公斤的饭，500W的电饭锅约需30分钟，耗电0.25千瓦时；而用700W的电饭锅约需20分钟，耗电仅0.23千瓦时。如果家里人比较多，选择较大功率的电饭锅更省电。

电饭锅的省电小窍门看这里！

1. 蒸米饭时，将米淘净后放入内胆，先浸泡15分钟左右再开始蒸，会大大缩短煮饭的时间，而且煮出来的米饭会特别香。

2. 充分利用电热盘的余热。当电饭锅的保温灯亮起时，表示锅中米饭已熟，这时可立刻关闭电源，利用电热盘的余热保温10分钟左右即可。

3. 电饭锅切勿当电水壶使用。同样功率的电饭锅和电水壶同样一样的开水，用电水壶只需5~6分钟，而电饭锅则需20分钟左右。

4. 避开高峰用电是最好的节电方法。同样功率的电饭锅，当电压低于额定值10%时，则需延长用电时间12%左右，用电高峰时最好不用或者少用。

5. 保持内锅外锅清洁。电饭锅使用过久而不清洁的话，会使内锅底部与外表面汇聚一层氧化物，影响传热效率。这时候应该把内锅浸在水中，用较粗糙的布擦拭，直到露出金属光泽为止。

6. 内锅底与电热盘、内锅与锅盖均应保持最佳接触。若内锅变形，即内凹或外凸，均会影响内锅底的良好接触，需要及时矫正，才不会影响煮饭效率。

468 盐焗鸡腿

材料

去骨仿土鸡腿 ……1只
（约350克）
锡箔纸 ……………1段
香菜末 ……………1根

调味料

盐 ……………1小匙
姜末 …………1小匙
米酒 …………1小匙

蘸酱

客家橘酱 ……… 2大匙
蜂蜜 …………… 适量
柠檬汁 ………… 适量

做法

1. 将去骨仿土鸡腿的末端腿骨切除，洗净后以花刀在鸡腿肉上划刀并断筋。
2. 抹上少许盐、姜末及米酒腌渍。
3. 先将鸡腿肉卷起，再包卷上耐热保鲜膜，同时抓捏一下鸡腿肉。
4. 用锡箔纸将鸡腿肉包卷起来，将两侧扭紧密封。
5. 电饭锅中放入适量水（材料外），再放入鸡腿卷，盖上锅盖，煮至开关跳起后，取出放凉，再放入冰箱中冷藏。
6. 将所有蘸酱和香菜末调匀，即为盐焗鸡腿蘸酱。

469 荷叶鸡

材料

土鸡肉 ………450克
荷叶 …………150克
葱花 …………30克
姜末 …………30克

调味料

蒸肉粉 …………90克
辣椒酱 ………2大匙
酱油 …………1大匙
细砂糖 ………1大匙
米酒 …………3大匙
香油 …………3大匙
水 ……………60毫升

做法

1. 土鸡肉洗净切成块状，加入葱花、姜末和所有调味料拌匀备用。
2. 将腌好的土鸡肉块盛入合适的容器中并放入电饭锅，电饭锅内加入适量水（材料外），盖上锅盖，蒸约50分钟备用。
3. 荷叶泡水至软，裁切成适当大小，包入土鸡肉块，卷成圆筒状，重复此动作至食材用完。
4. 将包好的荷叶鸡盛入合适的容器中，再放入电饭锅，锅内加入适量水（材料外），盖上锅盖，按下开关，蒸约20分钟，盛盘后以香菜叶（材料外）装饰即可。

470 土豆炖肉

材料

梅花肉300克、土豆180克、胡萝卜100克、红辣椒2根、姜片20克、水200毫升

调味料 酱油5大匙、米酒2大匙、细砂糖1大匙

做法

1. 梅花肉洗净切块；土豆、胡萝卜洗净去皮切块；红辣椒对切成片，备用。
2. 电饭锅中依次放入土豆块、胡萝卜块、梅花肉块，接着放入姜片、红辣椒片及所有调味料后，加入水。
3. 将电饭锅盖上锅盖，蒸至开关跳起即可。

471 咸冬瓜肉饼

材料

猪肉泥350克、蒜头3颗、红辣椒1/3根、香菜1支、淀粉1大匙

调味料

市售咸冬瓜酱适量

做法

1. 将蒜头、红辣椒、香菜洗净后切成碎状，备用。
2. 取一个容器，放入淀粉、猪肉泥，再加入做法1的材料和咸冬瓜酱搅拌均匀。
3. 将做法2的肉泥捏成圆饼状，放入盘中，用耐热保鲜膜将盘口封起来，再放入电饭锅中，加入适量水（材料外），盖上锅盖，按下开关，蒸约15分钟至开关跳起，盛盘后加上葱丝、红辣椒丝及香菜（皆材料外）装饰即可。

472 咸蛋蒸肉饼

材料

咸蛋2个、猪肉泥300克、蒜泥10克、姜末5克、葱花10克、辣椒末5克

调味料

酱油1/2大匙、细砂糖1/4小匙、米酒1大匙、水2大匙

做法

1. 取1个咸蛋黄切片，另1个咸蛋切碎，备用。
2. 猪肉泥加入所有调味料拌匀，加入咸蛋碎、姜末以及蒜泥，搅拌均匀至猪肉泥带黏性，铺入蒸盘中轻轻压平，摆上咸蛋黄片。
3. 将做法2的材料移入电饭锅中，倒入约1杯的水（材料外）后按下开关，蒸熟取出后撒上葱花和辣椒末即可。

473 珍珠丸子

材料
长糯米100克、蒜头3个、辣椒1/3根、猪肉泥250克、熟西蓝花500克

调味料
香油1小匙、蛋清1个、淀粉少许、盐少许、白胡椒少许

做法
1. 蒜头与辣椒都切成碎状，加入猪肉泥与所有调味料搅拌均匀，捏成一口大小的肉丸备用。
2. 将长糯米泡冷水1小时，捞起摊在盘子中，将肉丸放在长糯米上面，均匀沾裹上长糯米。
3. 将肉丸放入盘中，直接放入电饭锅中，不要包覆保鲜膜，锅中加入适量水（材料外），蒸约15分钟取出，放上烫熟的西蓝花即可。

474 清蒸牛肉片

材料
去骨牛小排……200克
市售豉油汁……3大匙
葱……………………2根
姜……………………适量
辣椒…………………少许
淀粉…………………1小匙

做法
1. 牛小排洗净切片，加入淀粉拌匀后摊平置于盘中；葱洗净切长段后，直切成细丝；姜洗净切丝；辣椒洗净切丝，备用。
2. 取葱丝、姜丝、辣椒丝一起泡冷水约3分钟，再取出沥干水分，备用。
3. 将牛小排肉片摆盘后放入电饭锅，锅中加入1/2杯水蒸约5分钟，淋入豉油汁，再继续蒸约2分钟，最后放上做法2的材料，取出即可。

475 香蒜蒸鳕鱼

材料
鳕鱼1片（约300克）、蒜蓉5克、姜末10克、辣椒末5克、榨菜末10克、葱花10克

调味料
酱油1小匙、蚝油1/2小匙、细砂糖1/2小匙、米酒1小匙

做法
1. 鳕鱼洗净，用纸巾将鱼身上的水分略吸干，再放于蒸盘上。
2. 蒜蓉、姜末、辣椒末与榨菜末及所有调味料拌匀成酱料。
3. 将拌好的酱料均匀地铺在鱼身上，盖上保鲜膜，放入水已煮沸的蒸笼中，用大火蒸约15分钟。
4. 蒸好后撕去保鲜膜，撒上葱花即可。

476 酒香牛肉

材料
牛肋条600克、竹笋200克、姜片40克、红辣椒2根、蒜片40克、葱2根

调味料
黄酒400毫升、水200毫升、盐1小匙、细砂糖1大匙

做法
1. 牛肋条洗净切小块；竹笋洗净后切块；红辣椒及葱洗净切长段，备用。
2. 将做法1的食材及姜片、蒜片放入合适的容器中，加入所有调味料，再放入电饭锅，锅中加约2杯水（材料外），盖上锅盖，按下开关，蒸至开关跳起即可。

477 蔬菜牛肉卷

材料
牛肉片120克、豆芽40克、红甜椒丝20克、黄甜椒丝20克、胡萝卜丝20克、姜丝10克

调味料
盐1小匙、黑胡椒粉1/2小匙、香油1大匙、米酒1小匙

做法
1. 将牛肉片包入豆芽、红甜椒丝、黄甜椒丝、胡萝卜丝及姜丝，卷成圆筒状。
2. 在牛肉卷上撒上盐、黑胡椒粉、香油及米酒。
3. 取一盘子，放入牛肉卷，再将盘子放入电饭锅，锅中加约1/2杯水（材料外），盖上锅盖，按下开关，蒸约8分钟，盛盘后以西芹（材料外）装饰即可。

478 清蒸鳕鱼

材料
鳕鱼1片（约200克）、葱丝1根、红辣椒丝1/3根、姜丝5克、蒜片2个

调味料
米酒2大匙、盐少许、白胡椒少许、蚝油1小匙、香油1大匙

做法
1. 将鳕鱼洗净，再使用餐巾纸吸干水分，放入盘中。
2. 取一容器，加入所有的调味料（除香油外）轻轻搅拌均匀，铺盖在鳕鱼上。
3. 将葱丝、红辣椒丝、姜丝和蒜片放至鳕鱼上，盖上保鲜膜，放入电饭锅中，锅内加入1杯水蒸至开关跳起。
4. 取出蒸好后的鳕鱼，淋上加热后的香油以增加香气即可。

479 剁椒鱼

材料

鱼·················1尾
（约400克）
蒜泥·············20克
市售剁辣椒·····3大匙
葱花·············20克

调味料

细砂糖··········1/4小匙
米酒·············1小匙

做法

1. 鱼洗净后切块，放入盘中，将市售剁辣椒、蒜泥、细砂糖及米酒拌匀，再淋至鱼上。
2. 将鱼放入电饭锅，锅内加约1杯水（材料外），盖上锅盖，按下开关，蒸至开关跳起，取出后撒上葱花即可。

480 豉汁蒸墨鱼仔

材料

墨鱼仔·············6尾
红辣椒···········1/3根
蒜头·············2个

调味料

市售豆豉酱········适量

做法

1. 先将墨鱼去头、去内脏，洗净备用；红辣椒、蒜头洗净切片，备用。
2. 取一个圆盘，把墨鱼仔放入圆盘中，再放上红辣椒片、蒜片与豆豉酱。
3. 最后用耐热保鲜膜将盘口封起来，放置电饭锅中，锅内加入2/3杯水，蒸约10分钟至熟即可。

481 蛤蜊蒸菇

材料

鸿禧菇100克、金针菇50克、蛤蜊150克、姜丝5克、奶油丁10克

调味料

A.米酒1大匙、鸡精少许、盐少许
B.细黑胡椒粒少许

做法

1. 鸿禧菇、金针菇、蛤蜊洗净，放入较深的容器中，加入姜丝、奶油丁和调味料A。
2. 取电饭锅，锅内倒入2量米杯的水，按下开关至产生蒸气，再放入做法1的材料蒸至熟。
3. 取出后撒上细黑胡椒粒即可。

482 百花豆腐肉

材料

老豆腐250克、猪肉泥100克、咸蛋黄2个、蛋清2大匙、姜末20克、葱花20克

调味料

盐1/2小匙、酱油2大匙、细砂糖2小匙、淀粉2大匙

做法

1. 豆腐汆烫，沥干水分压成泥；咸蛋黄切粒，备用。
2. 猪肉泥加盐搅拌至有黏性，加入酱油、细砂糖及蛋清拌匀，再加入姜末、葱花、淀粉、豆腐泥及咸蛋黄粒混合拌匀备用。
3. 取一碗，碗内抹少许油，将做法2的材料放入碗中抹平，再放入电饭锅，锅内加约1杯水，盖上锅盖，按下开关，蒸至开关跳起，取出后倒扣至盘中。

483 蟹黄凤尾豆腐

材料

市售豆腐1盒、草虾6尾、胡萝卜泥5克

调味料

盐1小匙、细砂糖1/2小匙、水150毫升、水淀粉1大匙、香油1小匙

做法

1. 将豆腐切成厚片状，每片的中央挖一小洞备用。
2. 草虾汆烫后去头及壳，留下虾尾，将头部插入豆腐洞中，将豆腐盛盘后放入电饭锅，锅内加约1/4杯水（材料外），盖上锅盖，按下开关，蒸约3分钟，盛入以烫熟的西蓝花（材料外）装饰的盘中备用。
3. 另取锅加入胡萝卜泥及所有调味料煮滚，即为芡汁，淋至做法2的材料上即可。

484 翡翠蒸蛋

材料

鸡蛋3个、蛤蜊6个、上海青末50克、胡萝卜末10克

调味料

A. 水500毫升、盐1小匙
B. 盐1小匙、水400毫升、水淀粉2大匙、香油1大匙

做法

1. 将鸡蛋打散，加入调味料A拌匀，过筛后放入容器中，加入蛤蜊，再放入电饭锅，锅中加约1/2杯水（材料外），盖上锅盖，按下开关，蒸约15分钟备用。
2. 另取锅加入上海青末、胡萝卜末及调味料B煮滚，即为芡汁，淋至做法1的材料上即可。

微波炉达人养成班

市面上有各种各样的微波炉，加上合理的价钱，到哪里买，已经不是重点，重要的是，要怎么选一台与自己家最合适的微波炉，且又可以常用不坏，以下将为你指引一条轻松成为微波炉达人的路！一起来看看吧！

好用微波炉这样选就对了！

1. 优良厂商为第一

挑选时除了优先考虑品质优良的制造商所制造的微波炉外，也要看其机身，是否贴有通过国家检验合格标志及安全使用保证，且机身所有的标示、操作面板和按键说明，都应该以中文标示为佳。

2. 依用途来评断为第二

想要越省电，就要选输出功率越大者。如平常只是将微波炉用于食材解冻、保温作用，那么可购买400瓦左右的微波炉；而500瓦左右的微波炉则可以用于食物加热；若是600或650瓦，可用于烹调时间较长的料理；而700瓦以上的微波炉则属于全能型。所以购买时，可以依照烹饪需求来评选，也能为您省下不少开销。

3. 依照造型来选择为第三

微波炉外观有正方形及横式两种，开盖有左开式和下拉式，如何选要看其使用的方便性；仪表板则有按键型和转动型。按键型能准确地设定时间；而转动型则较不易损坏。再者关于内部的转盘，除了有位于内壁上方的盘架型微波炉外，亦有可以均匀分布温度，底部有活动转盘的微波炉，相比而言，可以拆卸底盘的微波炉会比较好清洗。购买时，一定要考量摆设的位置，将宽、深及高度列入考量，以免买回去后造成放不下的困扰。

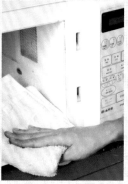

微波炉保养、清洁没问题！

1. 以湿布擦拭是每次使用完后的例行工作

用完微波炉，应该以热湿布擦拭炉内，不可以用菜瓜布，也千万不要用水清洗，以免产生故障，另外微波炉上最好不要摆放重物。

2. 以装有热水的容器和塑料片去除炉内污垢

如果有难除的污垢，可以把装有热水的容器，放入炉内加热，让蒸汽充满炉内，使污垢变得松软后再加以擦拭；或用塑料片刮除后，再用干布擦拭掉水分即可，为了避免不慎触碰到开关导致空转，最好在炉内放一杯水，使用时再取出来即可。

3. 以水、柠檬汁和茶渣消除异味

将水和柠檬汁以3：1的比例，放进微波炉内炉加热3分钟可消除异味，亦可把装有茶叶渣或咖啡渣的容器，放于炉内一晚，或将柠檬、柳橙等芳香性水果皮，放入炉内微波加热3~4分钟，待自然冷却后，也能去除异味。

〈微波炉上勿放东西〉

485 黑椒蒜香鱼

材料

草鱼肉1片（约120克）、蒜头酥25克、色拉油1大匙

调味料

黑胡椒1/2小匙、陈醋1小匙、番茄酱1小匙、水1大匙、细砂糖1/2小匙、米酒1小匙

做法

1. 草鱼肉片洗净后，置于盘上备用。
2. 将色拉油、蒜头酥、黑胡椒及其余调味料调匀后淋至草鱼肉片上。
3. 将草鱼肉片用保鲜膜封好后，放入微波炉中加热4分钟后取出，撕去保鲜膜即可食用。

注：微波火力800瓦。

486 豆瓣鱼片

材料

草鱼肉200克、蒜泥10克、葱花15克

调味料

辣豆瓣2大匙、甜酒酿1大匙、细砂糖1/2小匙、水1大匙、香油1小匙、淀粉1/6小匙

做法

1. 草鱼肉片洗净，在鱼身上划2刀，置于盘上备用。
2. 将蒜泥及所有调味料调匀后，淋至草鱼肉片上，再撒上葱花。
3. 将草鱼肉片用保鲜膜封好后，放入微波炉加热4分钟后取出，撕去保鲜膜即可食用。

注：微波火力800瓦。

487 破布籽鱼头

材料

鲢鱼头1/2个、姜末10克、葱花15克

调味料

破布籽酱（连汤汁）5大匙、细砂糖1/4小匙、米酒1小匙、香油1/4小匙

做法

1. 鲢鱼头洗净后，置于汤盘上。
2. 将姜末、葱花及所有调味料调匀后，淋至鲢鱼头上。
3. 将鲢鱼头用保鲜膜封好后，放入微波炉中加热4分钟后取出，撕去保鲜膜即可食用。

注：微波火力800瓦。

488 香醋鱼

材料

鲫鱼 ················· 1尾
（约150克）
葱 ····················· 2根
香菜 ················· 适量

调味料

香醋 ··············· 3大匙
米酒 ··············· 1小匙
细砂糖 ··········· 2大匙
水 ····················· 2大匙
淀粉 ············· 1/2小匙
香油 ············· 1/2小匙

做法

1. 鲫鱼洗净后，在鱼身两侧各划2刀，划深至骨头处但不切断；将葱洗净切丝，备用。
2. 将所有调味料调匀备用。
3. 将做法2的调味料淋至鲫鱼上。
4. 将鲫鱼用保鲜膜封好。
5. 放入微波炉中加热4分钟后取出，撕去保鲜膜，放上葱丝、香菜即可食用。

注：微波火力800瓦。

489 蒜泥虾

材料

草虾 ················· 8尾
蒜泥 ··············· 2大匙
葱花 ················· 10克

调味料

A.米酒 ··········· 1小匙
　水 ··············· 1大匙
B.酱油 ··········· 1大匙
　开水 ··········· 1小匙
　细砂糖 ········ 1小匙

做法

1. 草虾洗净，剪掉长须后，用刀于虾背面由虾头直剖至虾尾处，但腹部不切断，且留下虾尾不摘除。
2. 去除虾肠泥洗净，排放至盘子上备用。
3. 将调味料B混合成酱汁备用。
4. 蒜泥与调味料A混合后，淋至虾上，用保鲜膜封好后，放入微波炉中加热2分钟后取出，撕去保鲜膜，淋上酱汁，撒上葱花即可食用。

注：微波火力800瓦。

490 酱爆虾球

材料
虾仁 ……………… 120克
葱 ………………… 2根
蒜头 ……………… 20克
青椒 ……………… 40克
红辣椒 …………… 1根

调味料
甜面酱 …………… 2小匙
番茄酱 …………… 1小匙
细砂糖 …………… 1小匙
米酒 ……………… 1小匙
水 ………………… 1大匙
淀粉 ……………… 1/2小匙
香油 ……………… 1小匙

做法
1. 虾仁洗净沥干；葱、红辣椒洗净切小段；青椒洗净切小块；蒜头洗净切片，全部混合备用。
2. 将所有调味料（除淀粉外）混合调匀备用。
3. 在做法1的材料中拌入淀粉。
4. 将做法2的调味料拌入做法3材料中，混合均匀。
5. 将做法4的材料用保鲜膜封好，放入微波炉中加热4分钟，撕去保鲜膜拌匀后即可食用。

注：微波火力800瓦。

491 奶油虾仁

材料

虾仁 ……………150克
蒜仁 ……………20克
洋葱 ……………40克
西蓝花 …………40克

调味料

无盐奶油 ………2小匙
盐 ……………1/4小匙
细砂糖 ………1/6小匙
水 ………………1大匙

做法

1. 虾仁洗净沥干；蒜仁洗净切片；洋葱洗净切丝；西蓝花洗净切小块，备用。
2. 将做法1的所有材料与所有调味料拌匀后装盘。
3. 将做法2的材料用保鲜膜封好，放入微波炉中加热4分钟，撕去保鲜膜略拌匀后，即可食用。

注：微波火力800瓦。

492 五味虾仁

材料

虾仁 ……………120克
葱花 ……………12克
蒜泥 ……………10克

调味料

A.番茄酱 ………2大匙
　陈醋 …………2小匙
　细砂糖 ………2小匙
　辣椒酱 ………1小匙
　香油 …………1小匙
B.水 ……………1大匙
　米酒 …………1小匙

做法

1. 虾仁洗净沥干；葱花、蒜泥及调味料A调匀成五味酱，备用。
2. 将做法1的虾仁装盘，淋上调味料B。
3. 将做法2的食材用保鲜膜封好，放入微波炉中加热2分钟，撕去保鲜膜，淋上五味酱即可食用。

注：微波火力800瓦。

493 葱串牛肉

材料
牛肉 ·············250克
葱 ····················6根

调味料
盐 ·············1/2小匙
胡椒粉 ·············少许
辣酱油 ···········1大匙
红酒 ············· 2大匙
嫩肉粉 ·············少许

做法
1. 牛肉洗净切块；葱洗净切段；所有调味料拌匀备用。
2. 将牛肉块放入调味料中腌渍约20分钟。
3. 将腌好的牛肉块与葱段用竹签串起，放入已预热的烤箱中，以200℃烤10分钟即可。

494 葱卷烤肉排

材料
里脊肉排···········6片
葱段 ···············6根

调味料
酱油 ···············1大匙
蚝油 ···············1大匙
细砂糖 ···········1大匙
米酒 ···············1大匙
香油 ···············1大匙

做法
1. 里脊肉排洗净，沥干水分，拍打数下备用。
2. 将所有调味料混合拌匀，倒入里脊肉排中腌渍约15分钟。
3. 将腌好的里脊肉排放上葱段，卷起以面糊（材料外）固定。
4. 将肉卷放入已预热的烤箱，以200℃烤约8分钟，翻面以200℃续烤5分钟即可。

495 黑胡椒肋排

材料
肋排600克、青椒10克、黄甜椒10克、蒜泥10克

调味料
酱油1大匙、辣酱油1/2大匙、黑胡椒1大匙、红酒2大匙、嫩肉粉少许、盐少许、油1大匙

做法
1. 肋排洗净，沥干水分备用。
2. 蒜泥及所有调味料搅拌均匀备用。
3. 肋排加入做法2的调味料拌匀，腌渍约90分钟备用。
4. 青椒、黄甜椒洗净切末，混合均匀。
5. 肋排放入已预热烤箱中，以200℃烤约35分钟。
6. 烤完后刷上做法2的调味汁，最后撒上青椒、黄甜椒末再烤5分钟即可。

496 辣烤鸡翅

材料

鸡三节翅…………6只

调味料

辣椒粉…………1小匙
酱油……………1小匙
细砂糖………1/2小匙
白胡椒粉……1/4小匙
辣椒酱…………1小匙
酒………………1小匙

做法

1. 将所有调味料拌匀，备用。
2. 将鸡三节翅切开成小腿翅与二节翅，再放入调味料内拌匀，腌渍约30分钟，备用。
3. 烤箱预热至170℃，放入鸡三节翅烤约15分钟，至表面金黄熟透后即可取出（可另搭配生菜及番茄片装饰）。

497 焗烤虾

材料

大鲜虾6尾、蒜泥10克、洋葱末20克、口蘑末20克、西芹末5克、乳酪丝30克、乳酪粉少许

调味料

胡椒粉少许、盐少许

做法

1. 大鲜虾洗净去须脚、头尾尖刺，从背部切开，去除肠泥，切断腹部筋，备用。
2. 蒜泥、洋葱末、口蘑末、西芹末、乳酪丝，加上所有调味料混拌均匀。
3. 将大鲜虾背部撑开，填入做法2的材料，撒上乳酪粉。放入已预热的烤箱，以180℃烤约15钟即可。

498 蒜香胡椒烤里脊

材料

猪里脊肉片……200克

调味料

蒜泥…………1/2小匙
黑胡椒粉……1/4小匙
盐………………1/4小匙

做法

1. 将里脊肉片加入所有调味料拌匀，腌渍约5分钟。
2. 烤箱预热至150℃，放入腌好的里脊肉片烤约2分钟即可取出（可另搭配生菜及烤蒜头装饰）。

注：若是烤薄肉片，烤的时间就要缩短，以免烤得太过干硬，水分流失变成肉干。

499 培根蔬菜卷

材料

培根10片、青芦笋100克、山药100克、鲜香菇80克、红甜椒1个

调味料

胡椒盐少许

做法

1. 青芦笋洗净切段；山药去皮洗净切条；鲜香菇洗净切条；红甜椒洗净去籽切长条，备用。
2. 培根上排入青芦笋段、山药条、鲜香菇条、红甜椒条，撒上胡椒盐，将培根卷成1束，再用牙签固定。
3. 将蔬菜卷置于烤架上，放入已预热的烤箱中，以180℃烤约15分钟即可。

500 韩式辣味烤鲷鱼

材料

鲷鱼片 ⋯⋯⋯⋯300克
市售韩式泡菜 ⋯50克
（带汁）
青芦笋 ⋯⋯⋯⋯4支

做法

1. 将韩式泡菜汁倒出，并挤出泡菜本身的汤汁，将鲷鱼片放入泡菜汁中拌匀，腌渍约3分钟备用。
2. 青芦笋削除底部粗皮，备用。
3. 烤箱预热至180℃，放入鲷鱼片、泡菜及青芦笋，烤约8分钟至熟。
4. 取出做法3的材料，先铺上青芦笋，再摆上鲷鱼片及泡菜即可。

501 银鱼烤丝瓜

材料

丝瓜 ⋯⋯⋯⋯⋯⋯1条
银鱼 ⋯⋯⋯⋯⋯⋯50克
蒜片 ⋯⋯⋯⋯⋯1/2小匙

调味料

酒 ⋯⋯⋯⋯⋯⋯⋯1大匙
盐 ⋯⋯⋯⋯⋯⋯⋯1/4小匙

做法

1. 丝瓜去皮、切块状；银鱼洗净、沥干，备用。
2. 取一耐热烤盘，装入所有材料及调味料，备用。
3. 烤箱预热180℃，放入做法2的材料烤约10分钟取出即可。

图书在版编目（CIP）数据

做好一日三餐看这本就够了 / 生活新实用编辑部编
著 . — 南京 : 江苏凤凰科学技术出版社 , 2020.5（2021.5 重印）
ISBN 978-7-5537-6758-1

Ⅰ . ①做… Ⅱ . ①生… Ⅲ . ①菜谱 Ⅳ .
① TS972.12

中国版本图书馆 CIP 数据核字 (2019) 第 213780 号

做好一日三餐看这本就够了

编　　　著	生活新实用编辑部
责 任 编 辑	祝　萍
责 任 校 对	仲　敏
责 任 监 制	方　晨

出 版 发 行	江苏凤凰科学技术出版社
出版社地址	南京市湖南路 1 号 A 楼，邮编：210009
出版社网址	http://www.pspress.cn
印　　　刷	天津丰富彩艺印刷有限公司

开　　　本	718 mm×1 000 mm　　1/16
印　　　张	16
插　　　页	1
字　　　数	240 000
版　　　次	2020年5月第1版
印　　　次	2021年5月第2次印刷

| 标 准 书 号 | ISBN 978-7-5537-6758-1 |
| 定　　　价 | 45.00元 |